陕西省重点研发计划工业攻关项目（2020GY-211）
榆林市科技计划项目（2019-176）
国家社会科学基金项目（18XGL010）
国家自然科学基金项目（5197040521、51774228）

高海拔矿井动态送风补偿优化及局部增压技术

聂兴信　江　松　顾清华　孙锋刚　著

北　京

冶 金 工 业 出 版 社

2020

内 容 提 要

本书针对西部高海拔地区矿井存在的作业人员的舒适感不佳、能耗浪费严重及通风风量不足、低压缺氧等主要问题展开研究，分析了高海拔地区矿井工作环境的特点，对通风风量、通风风阻和设备相关参数的计算进行了校核，设计了基于 PMV 及 PID 的高寒矿井动态送风补偿优化方法；在此基础上，提出了高寒矿井动态送风补偿系统优化模型，构建了高海拔矿井基于空气幕调节的井下局部增压模型，提出了高海拔地区矿井通风方案的多指标评价体系；最后对动态送风补偿优化问题及增压通风问题进行了实例研究，并提出解决方案。

本书可供矿业、安全等领域的管理人员、研究人员和工程技术人员阅读，也可供大专院校有关专业的师生参考。

图书在版编目（CIP）数据

高海拔矿井动态送风补偿优化及局部增压技术/聂兴信等著 . —北京：冶金工业出版社，2020. 10
  ISBN 978-7-5024-8640-2

Ⅰ. ①高… Ⅱ. ①聂… Ⅲ. ①矿山通风—研究 Ⅳ. ①TD72

中国版本图书馆 CIP 数据核字（2020）第 228471 号

出 版 人 苏长永
地　　址 北京市东城区嵩祝院北巷 39 号　邮编　100009　电话　（010）64027926
网　　址 www.cnmip.com.cn　电子信箱　yjcbs@cnmip.com.cn
责任编辑 高　娜　美术编辑　郑小利　版式设计　禹　蕊
责任校对 郭惠兰　责任印制　禹　蕊
ISBN 978-7-5024-8640-2
冶金工业出版社出版发行；各地新华书店经销；三河市双峰印刷装订有限公司印刷
2020 年 10 月第 1 版，2020 年 10 月第 1 次印刷
169mm×239mm；8 印张；155 千字；117 页
48. 00 元
冶金工业出版社　投稿电话　（010）64027932　投稿信箱　tougao@cnmip.com.cn
冶金工业出版社营销中心　电话　（010）64044283　传真　（010）64027893
冶金工业出版社天猫旗舰店　yjgycbs.tmall.com
（本书如有印装质量问题，本社营销中心负责退换）

前　言

<<<<<<<<<<<<<<<<<<<<<<<<<<<<<<<<<<<<<<<<<<<<<<<<<<<<<<<<<<<<<<<<<<<<<<<<<<<<

　　矿井通风在保证矿山企业安全生产方面发挥着重要的作用。目前，随着我国采矿业的发展，矿井开采也由平原地区转向资源较为丰富的西部高海拔地区。但高海拔地区自然环境恶劣，对井下通风系统影响较大，为了确保井下员工有良好的工作环境，提高生产效益，有必要对高海拔矿井通风面临的问题进行研究。由于海拔因素的影响，高海拔地区矿井具有低压缺氧、气候寒冷干燥的特点，长期在高海拔作业的人员极易产生各种高原反应；同时，在井下矿体开采过程中，作业机械以及爆破产生的有害气体进一步使得缺氧状况恶化；高海拔低压环境使得矿井的通风管理面临极大的考验，井下通风管理难度加大，其主要体现在风量的合理分配更加困难、风机设备降效引起通风动力一定程度的下降、风机功率下降使得通风动力不足等。这些问题使井下工作环境更加恶劣，矿工生理和心理都受到了较大的影响，严重威胁矿工身心健康。因此，对高海拔地区井下通风系统进行动态送风优化以及局部增压增氧研究，具有重要的现实意义。

　　本书采用理论和实践相结合的方法，结合相关理论分析高海拔地区环境特点，明确高海拔环境对矿工生理和井下通风网络的影响。针对高海拔地区风量不足的问题，构建动态送风补偿系统能耗模型；融合空气幕技术研究矿井通风工程，旨在一定程度上缓解高海拔矿井通风缺氧难题。

　　本书主要内容如下：

　　(1) 明确了高海拔矿井动态送风补偿优化方法。首先，确定高海拔矿井通风设备负荷预测模型。其次，设计高海拔矿井动态送风补偿的局部优化方法，建立带惯性权重的粒子群 PID (CPSO-PID) 参数整定方法，对各局部系统的优化参数进行统一整定并建立动态送风补偿仿真模型。

（2）设计了高海拔矿井动态送风补偿优化策略。通过修正的高海拔矿井动态送风补偿系统模型（PMV模型），评价高海拔矿井作业人员的动态热舒适性。首先，通过CFD数值模拟对井下巷道阶梯高度平面温度场与风速场进行分析，并生成巷道阶梯高度平面的热舒适度分布曲线，为井下测量影响热舒适度的参数提供位置参考。其次，根据MZG金矿典型工况日的气象参数信息计算井上逐时热舒适度，生成井上逐时热舒适度曲线控制图，改变相关参数拟合生成井下仿自然热环境控制曲线，实时反映井下作业人员的热舒适感变化情况。

（3）构建了基于空气幕调节的高海拔矿井局部增压模型。对传统矿井通风风流技术进行分析，指出了矿用空气幕调控风流的优点；并对传统矿用空气幕理论进行了总结，包括矿用空气幕的结构组成，矿用空气幕的取风方式，同时介绍了井下矿用空气幕的选型步骤。另外，为了解决高海拔矿井存在的低压缺氧问题，在井下人工增压方案设计（包括增阻设计和增能设计）的基础上，构建了基于空气幕调节的局部增压模型。

（4）理论与实例结合进行研究。在对某高海拔矿井进行实地调查的基础上，通过动态通风调控、局部增压研究以及通风方案的比选，进行优化研究。

本书由西安建筑科技大学资源工程学院聂兴信、江松、顾清华、孙锋刚、张书读、冯珊珊等共同撰写。全书共分8章：第1章为高海拔矿井通风概述，由聂兴信、江松撰写；第2章为高海拔矿井特性分析，由聂兴信、顾清华、江松、张书读撰写；第3章为高海拔矿井动态送风补偿优化方法，由聂兴信、江松、冯珊珊、孙锋刚撰写；第4章为高海拔矿井动态送风补偿系统优化模型，由聂兴信、江松、顾清华、冯珊珊撰写；第5章为基于空气幕调节的高海拔矿井局部增压技术，由聂兴信、张书读、孙锋刚、阮顺领撰写；第6章为高海拔矿井通风调控方案设计及优选，由江松、张书读、汪朝、郭进平、程平、阮顺领撰写。第 7 章为动态送风补偿及局部增压实例研究，由聂兴信、张书读、程平、汪朝、郭进平撰写。第 8 章结论部分由聂兴信、江松撰写。张书读、冯珊珊、孙锋刚、白存瑞、王廷宇等帮助完成了实验研究。全书由聂兴信统稿。

感谢陕西省重点研发计划工业攻关项目（2020GY-211）、榆林市科技计划项目（2019-176）、国家社会科学基金项目（18XGL010）、国家自然科学基金项目（5197040521、51774228）对本书有关研究内容的资助。特别感谢西安建筑科技大学资源工程学院为本书出版提供了经费支持。

由于作者水平所限，书中难免有不足之处，恳请广大读者批评指正。

作　者

2020 年 7 月

目　　录

1 高海拔矿井通风概论

1.1 高海拔矿井通风问题分析

矿井通风在保证矿山企业安全生产方面发挥着重要的作用。当前，我国科技发展迅速，随着采矿业的发展，矿井开采也由中东部内陆平原地区转为资源较为丰富的西部高海拔地区[1]。高海拔地区环境恶劣，对井下通风系统影响较大，因此有必要对高海拔矿井通风面临的问题进行研究，确保井下员工有良好的工作环境，进而提高生产效益[2]。

高海拔地区的气候特征与低海拔地区不同，高海拔地区常年低温，冬季会出现冻土，并且在同一地区也会出现不同的气候现象[1]，即使在通风良好的地面，多数人也会有不同程度的高原反应。因此高海拔气候带来的低压、寒冷等效应必须给予综合考虑。

据资料统计，大多数的工业原料都来自矿产资源，工业生产离不开矿产资源。当前国际市场对矿产资源的需求量越来越大，企业要想发展壮大必须扩大再生产，那样势必会增加需求量，加快市场上矿产资源的消耗[2~4]。另外，我国经济与社会飞速发展，相关行业对矿产资源的消耗量也在逐年上升，需求量的增加将直接导致采矿企业加大对矿产资源的开采力度，开发利用矿产资源对我国社会的进步起着至关重要的作用。我国西部矿产资源储备丰富，种类多样，待开发区域广阔，但西部高海拔地区自然环境恶劣，存在气压低、温度低、湿度低、太阳辐射强烈等问题，严重制约着高海拔矿井资源的开发与利用[5,6]。

当今社会日益注重科学发展，人们对高海拔矿井通风的研究已不满足于解决生存问题，矿井作业人员的职业健康与矿山企业的安全生产也是高海拔矿井生产必须关心的首要问题。目前指导高海拔地区矿井开发生产的技术尚未完善。有关高海拔地区的技术文献主要是研究高海拔地区矿井地质形成、高海拔地区医疗卫生技术、高海拔地区铁路隧道等技术，而有关实际矿井生产的资料较少[7]。我国现有用于指导标准大气压下矿井生产作业的相关法律规范相对完善，但没有对高海拔地区的特殊条件给予特殊的规定，某些规定不符合高海拔矿井的生产状况，甚至限制了高海拔矿井的发展[8]。不少高海拔矿井生产企业因为达不到指标而影响矿井的生产进度，相关管理部门对企业面临的困难也无能为力。因此，新技术与新标准的制定也是现在高海拔地区矿井开发生产迫切需要解决的问题之一。

高海拔地区具有低压缺氧，气候寒冷干燥的特点，长期在高海拔作业的人员极易产生各种高原反应，严重影响身心健康[3]。同时在井下矿体开采过程中，作业机械以及爆破产生的有害气体进一步使得缺氧状况恶化。高海拔低压环境令矿井的通风管理面临极大的考验，井下通风管理难度加大，主要体现在风量的合理分配更加困难，风机设备降效造成一定的通风动力不足，风机功率下降使得通风动力不足等，这些问题使得井下工作环境更加恶劣，矿工生理和心理都受到了较大的影响，严重威胁身心健康[4~6]。

《煤矿安全规程》中有这样的规定："在采掘工作面的进风井中按体积计算，氧气不得低于 20%；二氧化碳不得超过 0.5%"[7]。高海拔地区矿井气压较低，虽然空气的百分比满足该要求，但是单位体积的氧气含量即氧分压明显不能满足井下人员的需要。传统的风流调控手段受到高海拔因素的影响并不能起到很好的调控作用，对于低压缺氧的状况没有明显改善，其布置安设对于人员机械的通行也有一定的影响。而利用矿用空气幕代替传统风流调控设施进行高海拔地区矿井的通风调控，不仅可以起到较好的调控效果，而且其使用以及操作也较为方便。矿用空气幕布置于巷道两侧硐室内，对井下的人员车辆通行没有较大影响，因此，研究基于空气幕的高地区矿井通风调控十分必要。

1.2　高海拔矿井通风研究目的及意义

1.2.1　研究目的

（1）分析高海拔地区环境特点，明确高海拔环境对矿工生理和井下通风网络的影响。构建基于空气幕调节的高海拔井下局部工作面增压模型以及通风方案优选模型缓解井下低压缺氧问题，使井下通风系统顺畅，确保生产的有序进行，为矿工提供良好的作业环境。

（2）在实际应用层面上，针对 MZG 金矿井下存在的风量不足、局部漏风以及低压缺氧等问题，研究井下动态补偿送风、矿井通风工程融合空气幕技术等设计适用于高海拔矿井的优化方案，确保高海拔矿井安全持续生产，使其在一定程度上能够缓解高海拔矿井通风、缺氧难题。

1.2.2　研究意义

矿井通风系统是一个复杂的动态变化的系统。高海拔地区矿井由于其特殊的地理环境通风更加困难，高海拔矿井井下通风系统具有大气压力低、氧气稀薄、设备效率低、施工人员供氧不足、自然通风条件复杂多变、巷道污染严重等问题[9,10]，严重危害矿井作业人员的身体健康，而且在这样的环境下矿井开采效率十分低下，因此迫切需要加强对高海拔矿井通风的研究。

解决高海拔地区矿井通风问题无论是对提高能源开采率还是促进经济发展都

有重大实际意义。从企业角度，为企业安全生产提供了基本保障，优化了井下工人的工作条件，直接改善了员工工作环境，而良好的开采环境必然带来高效的开采能力，起到间接降低企业生产成本的效果。从国家发展角度，如今我国经济与工业发展很快，资源消耗加大，解决高海拔地区的矿井通风问题，合理开发利用西部高海拔地区的矿产资源，对提高矿井开采效率及可持续发展都具有重要的战略意义。

在理论方面，高海拔地区恶劣的环境对矿产开采造成了极大的困难[8]，最大的问题就是低压缺氧，通风不畅。本书首先对高海拔地区通风特性进行分析，包括海拔高度对空气性质、人体生理以及通风设备的影响，并对海拔因素影响下的通风风量、风阻计算和通风机相关参数进行了校核，为高海拔矿井的通风调控提供了理论支持。

低压缺氧严重影响井下人员的身心健康，是高海拔矿井面临的最突出的问题[9]。本书在对高海拔矿井井下通风系统面临问题的分析后采用空气幕调控技术构建了适用于高海拔矿井的风流调控增压模型，在此基础上提出调控优化方案，使高海拔矿山企业能够安全生产，并改善井下工作环境。

在实际应用方面，作为新型的井下风流调控技术，矿用空气幕已在我国部分矿井应用，且调控效果良好，既具有传统风流调控设施的功能，而且管理也较为方便[10]。矿用空气幕多在平原地区使用，但将矿用空气幕应用于高海拔低压地区并对矿井通风风路和采掘工作面低压环境的调控却研究不足，本书以高海拔地区——兴海县 MZG 金矿为例，通过对井下进行动态送风补偿优化研究并结合矿用空气幕局部增压模型对井下通风系统进行调控，改善高海拔矿井的作业环境，具有积极的意义。

1.3 高海拔矿井通风技术研究现状

1.3.1 高海拔矿井通风优化研究

良好的通风系统是矿山企业安全生产的必要条件，是保证矿井作业人员职业健康的保障。我国西部矿产资源不仅品种多样而且储量丰富，极具开发潜力，但严酷的自然环境制约着矿产资源的开发利用，需要设计合理的矿井通风设施提高资源开发率[11]。目前由于国外高海拔地区矿井比较稀少，且海拔高度相对较低，对高海拔地区矿井通风方式研究较少，而对于高海拔地区的缺氧问题与矿井通风优化则有一定的研究，这对优化高海拔矿井通风系统有一定的借鉴作用。表 1.1 总结了国外近年来高海拔缺氧与矿井通风优化方面的观点结论。我国近年来在高海拔矿井通风优化方面也取得了一些进展，表 1.2 总结了国内相关学者在高海拔矿井通风优化方面的相关成果。

表 1.1　国外高海拔缺氧与矿井通风优化研究

年份	研究者	研 究 内 容
2011	T. Taylor Andrew 等	通过对人体高海拔缺氧的基本生理反应的研究，提出治疗高海拔地区因缺氧问题引发的疾病，并为未适应高海拔的人群提供建议[12]
2014	Kaiyan Chen 等	基于矿井通风网络理论，建立具有约束条件的一般非线性多目标优化数学模型，提出了一种新的算法，以更有效地寻找全局最优解，解决大规模广义通风网络优化问题[13]
2015	Arnab Chatterjee 等	考虑矿井按需通风原理，制定并分析了两种 DSM 策略：能效（EE）和负载管理（LM），并借助基尔霍夫定律和 Tellegen 定理对网络进行建模，开发了非线性约束最小化模型，研究了对地下矿井通风风扇实施变速驱动的节能潜力[14]
2018	E. Orr Jeremy 等	实验对比分析海拔 3800m 人体自适应伺服通气和补充氧气对中枢性睡眠呼吸暂停的治疗效果，发现补充氧气可以更有效治疗中枢性睡眠呼吸暂停，并推测自适应伺服通气可能适用于更高海拔高度治疗中枢性睡眠呼吸暂停类的疾病[15]
2019	Burtscher Martin 等	通过实验分析急性暴露于高海拔地区的人体生理反应，证明了微小的通气量和充氧作用可以预防急性高海拔反应疾病[16]
2020	Mbuya Mukombo Jr.	通过数值模拟，估算矿井新鲜空气需求量从而对矿井通风进行动态优化，利用 VENTSIM 软件对通风参数进行模拟，得出使用优化方法可以节约矿井用电成本的结论[17]

表 1.2　国内高海拔矿井通风优化研究

年份	研究者	研 究 内 容
2008	尹玉鹏等	提出了高海拔地区矿井通风设备参数修正模型，并对风量、风压、风机功率等参数进行修正，为高原地区煤矿的设备选型与解决通风机降效问题提供了参考[18]
2009	王洪梁等	为解决矿井作业人员职业健康问题，针对压入式通风系统调整巷道通风阻力，采用人工增压与局部增压 2 种方法，提高井下空气压力以改善矿井作业人员劳动环境[19]
2010	崔延红等	针对高海拔矿井缺氧问题，对比两种供氧系统补氧方式：人员适时吸氧与局部弥散式补氧，计算对比后表明人员适时吸氧的方式更优[20]
2014	李爱文等	针对高海拔矿井井下温度低的问题，提出高海拔矿井压入式正压通风系统，并提出利用高海拔矿井井下已有热能和矿井回风热能对矿井入井风源进行预热，使矿井在不增加能耗的情况下达到设计温度[21]

续表1.2

年份	研究者	研　究　内　容
2016	龚剑等	为解决高海拔矿井井下粉尘危害问题,采用 FLUENT 数值模拟对压入式与长压短抽式两种通风方式的除尘效率进行对比分析,数值模拟结果显示长压短抽式通风除尘系统的除尘效果最优[22]
2016	崔翔等	针对高海拔矿井井下巷道内尾气污染严重的问题,采用 FLUENT 软件对巷道进行数值模拟,分析得出通过增大压入式通风量能有效解决巷道内尾气污染问题[23]
2017	李国清等	提出针对高海拔矿井中段多、矿体埋藏深的矿井,宜采用以压为主、压抽结合的通风方式,并从理论上研究了压抽结合通风方式的必要性和可行性[24]
2017	林荣汉等	针对高海拔矿井低压缺氧问题,使用 FLUENT 软件对矿井掘进巷道内的粉尘浓度进行数值模拟,分析粉尘对高海拔矿井通风系统的影响规律并对通风参数进行优化[25]
2019	辛嵩等	为解决高海拔矿井通风困难,用于指导的通风技术较少问题,分析技术方案中的因果原理,提出因果原理用于指导高海拔矿井安全技术活动具有重要的指导作用[26]
2020	聂兴信等	为解决高海拔地区矿井掘进巷道的低压缺氧问题,设计了多功能矿用空气幕联合增压模型,即分别布置引射型和增阻型矿用空气幕,并通过数值模拟的方法验证了模型的有效性[27]

1.3.2　高海拔矿井动态送风补偿研究

　　高海拔低气压环境恶劣,然而随着科学技术进步和研究领域拓展,人们把需求提高到如何在高海拔低压环境下创造舒适健康的工作环境[28]。热舒适度是表征人体冷热感觉的一个重要参数（ISO 7730）,是高海拔地区舒适性热环境设计的重要评价指标[29]。现有研究表明,人体长期处于稳态的环境中,身体缺乏外界的热刺激,会导致生理热调节能力和免疫力显著降低,而热环境的动态调控方式可有效规避稳态环境造成的这些问题[30]。例如,利用动态送风补偿通风策略可有效利用环境的小幅规律性波动,在满足高海拔矿井热环境控制的同时实现舒适和健康的统一。表1.3 总结了国外近年来对于动态送风补偿的相关研究,表1.4 总结了国内相关学者在动态送风补偿通风方面的相关研究成果。

表 1.3　国外动态送风补偿研究

年份	研究者	研 究 内 容
2015	J. Srebric 等	建立了数据驱动的状态空间 Wiener 模型，以表征环境温度变化与人体热感觉之间的动态关系[31]
2015	Nor Dina Md Amin 等	通过问卷调查位于马来西亚敦侯赛因大学（UTHM）的三个空调工程教育实验室（EEL）的热工条件和建筑综合征（SBS）症状，结果表明稳态热环境营造模式背后存在隐藏的健康问题，应当设置相应的控制系统动态调节环境质量，提供舒适的室内环境[32]
2015	Muhammad Waqas Khan 等	提出了一种基于遗传算法的 AFLC（自适应模糊逻辑控制器设计），用于通过控制阀位来调节水和蒸汽流量来对典型 AHU（空气处理单元）的温度和湿度进行多变量控制，并通过实验证明了自适应模糊逻辑控制器要优于现有的模糊控制器[33]
2015	S Miloš. Stanković等	提出了一种以线性离散时间随机 MIMO 模型为代表的大系统的分散多智能体识别方法并设计了相应的算法，用于动态识别各子系统的收敛值[34]
2016	J. Srebri 等	根据用户热感觉模型的反馈信息进行动态调控，研究结果表明，动态热舒适控制策略能有效适应用户热舒适的动态需求，提高工作效率的同时发挥出巨大的节能潜力[35]
2018	Mehdi Shahrestani 等	采用模糊多属性决策方法开发出用于 HVAC&R 系统选择的决策工具，可处理决策过程中所涉及的语言术语不确定性和不精确性，并将模型转移到具有用户友好界面的计算工具中[36]

表 1.4　国内动态送风补偿研究

年份	研究者	研 究 内 容
2003	孙淑凤等	提出了动态控制通风策略的概念，分别从动态热环境人体热反应及动态通风节能预测两个角度进行研究，指出采用动态调控通风思路可有效提高通风环境质量，并且能达到可观的节能效果[37]
2008	赵荣义等	针对热感觉随时间和空间变化对人体热舒适的影响进行探讨，建立热舒适度模型，为非稳态环境的舒适性和节能性研究奠定重要基础[38]
2008	万百五等	提出可用于动态送风补偿稳态优化控制的算法，并针对模型与实际存在的差异，使用模糊化处理的方法，处理子系统的不等式约束，建立具有模糊不等式约束的模糊双迭代法，使模型输出结果与实际更接近[39]
2008	李少远等	对工业系统控制的预测控制方法进行综述，为动态送风补偿系统控制方法的选择提供借鉴[40]

续表 1.4

年份	研究者	研 究 内 容
2010	任庆昌等	对系统分解协调的分布式预测控制进行研究，得出采用分解协调理论可以保证系统稳定性的同时具有良好的动态性能[41]
2011	李慧等	提出动态热舒适区的概念，动态热舒适区包括舒适区和节能区。以平均热感觉指数（PMV）为控制目标，个体可以根据自身的适应效果在线修改热舒适区，进行动态热舒适控制时，舒适区和节能区周期性交替变化[42]
2013	段培永等	基于用户偏好建立热舒适度指标，通过周期性地调节舒适区与节能区来模拟自然环境的变化情况，有效提高了环境的热健康水平[43]
2014	罗茂辉等	对以热适应理论和气流应用为代表的动态热舒适特性进行了系统研究[44]
2015	杨振中等	实验研究人体在失重状态下的热舒适变化情况，得出人体在失重状态下代谢快，能量高，在动态变化的自然环境中更容易维持身体的温度[45]
2017	李百战等	对人体在实际动态环境中的适应性及其机理进行了研究，确定了动态热舒适环境的基本原理及其对建筑能耗的影响[46,47]
2017	朱颖心等	设计实验对通风动态化与人体平均热感觉指数（PMV）进行研究，结果表明自然通风方式下个人的热舒适度优于稳态模式[48,49]

1.3.3 高海拔矿井通风研究综述

通过对高海拔矿井通风优化研究及动态送风补偿相关文献的回顾与分析，得出以下结论：

（1）在高海拔矿井通风优化方面，主要针对高海拔矿井通风方式、缺氧、风机降效、粉尘、有毒有害气体等问题进行研究，指标单一，研究高海拔矿井热舒适模型较少。

（2）动态通风补偿方面，国内外学者主要针对动态热环境调控策略方面进行研究，分别从能耗，舒适度等方面建立了相应的调控方法，证实了动态热环境调控策略的有效性。然而，上述对动态热环境调控的研究未考虑自然环境变化规律影响，如内部空间温度场及风速场分布情况等。

综上所述，针对高海拔矿井通风研究指标单一的问题，本书引入了热舒适度作为调控矿井通风质量的指标。针对已有热舒适度研究未能考虑外界自然环境变化及内部空间温度场及风速场问题，通过实测气象参数信息，建立井下逐时热舒适度调控曲线。针对高海拔矿井能耗浪费大的问题，基于热舒适理论，建立了大系统递阶结构模型，可为相关领域研究提供重要参考。

1.4 本书主要内容与技术路线

1.4.1 主要内容

本书旨在研究高海拔矿井通风优化与节能，将热舒适理论与大系统理论结合，实现高海拔地区矿井动态送风与节能；同时采用理论和实践相结合的方法，结合相关理论知识分析高海拔地区环境特点，明确高海拔环境对矿工生理和井下通风网络的影响；并对高海拔地区大型复杂矿山存在的的井下通风问题提出行之有效的优化方案，提高企业的经济效益；通过研究矿井通风工程融合空气幕技术，在一定程度上缓解高海拔矿井通风缺氧难题。

本书的主要研究内容如下：

（1）明确高海拔矿井动态送风补偿优化方法。首先，确定了高海拔矿井通风设备负荷预测模型。其次，设计高海拔矿井动态送风补偿的局部优化方法，建立带惯性权重的粒子群 PID（CPSO-PID）参数整定方法，对各局部系统的优化参数进行统一整定并建立动态送风补偿仿真模型。

（2）高海拔矿井动态送风补偿优化策略设计。通过修正的高海拔矿井动态送风补偿系统模型（PMV 模型），评价高海拔矿井作业人员的动态热舒适性。首先，通过 CFD 数值模拟对井下巷道阶梯高度平面温度场与风速场进行分析，生成巷道阶梯高度平面的热舒适度分布曲线，为井下测量影响热舒适度的参数提供位置参考。其次，根据 MZG 金矿典型工况日的气象参数信息计算井上逐时热舒适度，生成井上逐时热舒适度曲线控制图，改变相关参数拟合生成井下仿自然热环境控制曲线，实时反映井下作业人员的热舒适感变化情况。

（3）构建基于空气幕调节的高海拔矿井局部增压模型。对比传统矿井通风风流技术，提出了矿用空气幕调控风流的方式；对传统矿用空气幕理论做了介绍，包括矿用空气幕的结构组成，矿用空气幕的取风方式及井下矿用空气幕的选型步骤。为了解决高海拔矿井存在的低压缺氧问题，在井下人工增压方案设计（包括增阻设计和增能设计）的基础上构建了基于空气幕调节的局部增压模型。

（4）理论与实例结合进行研究。在对某高海拔矿井进行实地调查的基础上通过动态通风调控、局部增压研究以及通风方案的比选，对矿井进行优化研究。

1.4.2 技术路线

本书技术路线如图 1.1 所示。

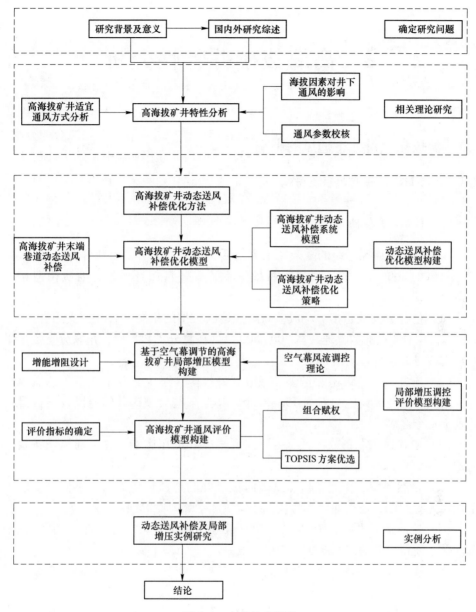

图 1.1　本书技术路线

1.5　本章小结

本章主要介绍了研究背景以及研究意义，对高海拔矿井通风优化和动态送风补偿的国内外的研究现状进行了详细解读，并通过建立技术路线图说明本书的研究思路，为全书的研究工作奠定了基础。

2 高海拔矿井特性分析

>>

2.1 海拔高度对井下通风的影响

2.1.1 高海拔矿井通风系统特点

2.1.1.1 复杂性

高海拔矿井通风系统的复杂性主要包括 5 个方面，分别是矿井分支巷道多、矿井通风的设施数量多、通风设备效率低、矿井自然环境差、地质构造相对复杂。

（1）矿井分支巷道多。一般就高海拔地区大型的矿井而言，分支约有 300~600 条，其中节点的数量通常在 300~500 个。在总分支数量中，角联分支数量平均约占 30%，而大型矿井的巷道长度通常在 200km 以内[50]。

（2）矿井通风的设施数量多。一般高海拔矿井至少有几十个不等的通风设施，需风点的通风设施一般为 15~40 个，甚至某些大型矿井的通风设施数量可达到上百个之多[51]。

（3）矿井通风设备效率低。由于高海拔矿井低压影响，井下通风设备效率通常降低 20%~50%。

（4）自然环境、作业条件差。高海拔矿井的通风环境恶劣，不但要克服井下通风困难问题，还需面对高海拔低压缺氧和干燥寒冷等问题。

（5）地质构造复杂。矿层倾斜角度一般为 0~90°，易发生褶曲、断层、沉陷等问题，使得矿井通风系统也变得极其复杂。

高海拔矿井通风系统的复杂性会给通风网络布局带来诸多的问题。例如：多中段同时生产作业会导致井下风流分配的合理性受到影响；开采深度延长以及通风巷道内堆积物的增多造成风阻增大，影响通风；采掘规划不完善会造成大量采空区未封闭，角联巷道增多，严重影响高海拔矿井的通风效率。

2.1.1.2 动态性

高海拔矿井通风系统的动态性主要包括以下 3 个方面。

（1）风网结构发生改变。在作业时长和采掘巷道长度不断变化的情况下，通风系统中矿井风网结构也会出现相应的变化，会使通风系统的温度、湿度、风速等也发生变化[52]。

（2）通风参数发生改变。在矿井末端采掘巷道不断向前推进下，末端通风的形状出现较大变化，矿井通风口变小、通风阻力增大，容易出现矿井坍塌事故。此外，通风设施会因为长时间作业性能变差，从而影响井下的通风效果，出现严重锈蚀、损耗、形状改变等问题，从而使性能变弱，直接造成矿井通风系统的数据参数发生变化，加大了矿井漏风概率[53]。

（3）新鲜风流供应不足。对于独头掘进巷道工作面，通风动力来源于井下安装的局扇，如果局扇的供风能力与采掘工作面上的需风量不匹配，导致风量不足，会严重危害矿井作业人员的身体健康甚至生命安全，影响矿井安全生产[54]。

2.1.1.3 不稳定性

高海拔矿井通风系统中造成不稳定的风流流动主要有：井巷中风流风量的大小改变或者风流的流向改变，而且改变的程度不在允许值以内。造成矿井通风系统的不稳定主要有以下两个原因。

（1）高海拔矿井井下通风构筑物设置不合理。设置通风构筑物的目的是保证风流按一定的规律流动，使得井下各个巷道都能获得足够的风量，达到最大的通风效果。然而实际的矿井通风构筑物通常不能完全达到预期安装效果，主要有以下两个方面的原因：1）通风构筑物的安装问题。若是通风构筑物安装的位置以及个数不合格，会造成矿井末端巷道无法有效调节风流，井下通风困难，危害矿井作业人员身体健康。2）通风构筑物的质量问题。矿井开采避免不了对通风构筑物的损坏，因此对通风构筑物提出了更高要求，通风构筑物需要有抗撞击、抗磨损和抗强震的特性[55]。

（2）矿井通风设备运行动力不正常。在矿井通风设计初期会安装设计所需的通风机，但随着开采深度的增加和采掘工作面的延伸，最初所使用的通风机会出现风流分配困难和效率低下等问题。

此外，还有其他原因也会影响矿井通风，比如增加减少部分巷道、通风管理不完善、自然风压、采掘面的进退、生产开采过度、巷道中走人过车、巷道中堆放物品等均能影响破坏风流，影响高海拔矿井通风系统的稳定[56]。

2.1.2 海拔对空气性质的影响

在非理想状态下，海拔与大气压呈现非线性的关系。海拔高度与大气压力的关系可用式（2.1）表示：

$$p_h = 101.325 \times \left(1 - \frac{h}{44329}\right)^{5.255876} \qquad (2.1)$$

式中，h 为海拔高度，m；P_h 为海拔 h 处的气压，kPa。

在高海拔地区大气中氧气体积分数近似等于 21%，可计算在海拔 h 处的氧分压为：

$$p(O_2)_h = p_h \times 21\% \qquad (2.2)$$

式中，$p(O_2)_h$ 为海拔 h 处的氧分压，kPa。

由式（2.1）和式（2.2）可得大气压及大气氧分压随海拔的变化数据，如表 2.1 所示。其随海拔变化的趋势如图 2.1 和图 2.2 所示。

表 2.1　不同海拔高度的空气压力及氧分压分布

海拔/m	0	1000	2000	3000	4000	5000	6000
空气压力/kPa	108.27	90.33	78.26	69.13	62.84	53.22	49.18
氧分压/kPa	21.22	17.36	16.11	14.65	12.86	11.78	9.74

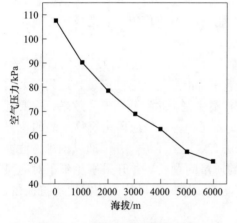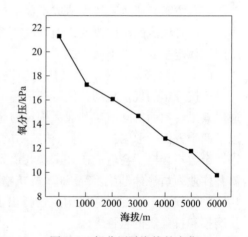

图 2.1　空气压力随海拔的变化　　　　　图 2.2　氧分压随海拔的变化

由图 2.1、图 2.2 可知大气压和氧分压与海拔高度呈负相关。当海拔超过 3500m 时，空气中的氧分压严重低于正常水平，若不采取相应的增压增氧措施，井下缺氧的环境将影响企业的正常作业。对高海拔矿井缺氧问题的传统解决方式主要是人工输氧，但制氧的方式烦琐、费用昂贵，且由于井下环境复杂，氧气并不能很好地与空气混合，因此人工输氧并不是一种理想的方式。对表 2.1 及图 2.1、图 2.2 的分析可知，可通过增压来提高井下氧分压，进而提高矿工吸氧量。

2.1.3　海拔对矿工生理的影响

我国西部高原有许多矿井海拔高度在 3000m 以上，由于地理位置的特殊性，其环境相对于平原地区具有气温低、空气稀薄、低压缺氧、辐射强等特点。《金属非金属矿山安全规程》中有规定"按照体积计算井下总进风以及工作面上氧气含量最低不能低于20%"[57]。由医学研究可知，人体的各项生理指标会随海拔高度增加而发生急剧的变化，大气中的氧分压也会不断下降。通常情况下，海拔3500m以上的高山地区变化相对明显，在此高度之上人不宜从事较重的体力劳动。同时，低氧分压的大气环境会对人体的各个系统造成较严重的危害，易患高原病。

高海拔环境对矿工的生理影响，主要体现在对人员生理机能和工人劳动效率的影响上：

（1）高海拔地区矿工生理机能受到影响。高海拔低压缺氧环境对人的各项机能有较大的影响，主要体现在听力、视力的下降等。长期在海拔4000m以上作业，视力会受到严重的影响，并且该影响是不可逆的。同时，人体的听力在海拔5000m左右长期作业下也会下降，这些都可能加剧井下生产事故的发生。此外作业人员的思维理解能力也会受到影响，长期在高海拔作业可能使作业人员的行动迟缓，反应能力下降。

（2）高海拔地区矿工工作效率明显下降。统计发现在海拔3500m、4500m、5500m工作时，人的工作效率分别降低15%、35%、50%。与平原作业相比，井下矿工的最大做功量与海拔呈现明显的负相关，有数据表明在海拔4000m左右最大做工量下降接近40%，不仅降低了生产效率同时间接导致事故的发生。

通过以上分析可知，高海拔地区矿工生理受到的影响归根结底是由低压缺氧的环境因素造成的，所以有必要采取措施对井下低压环境进行改善。

2.1.4　海拔对井下生产的影响

高海拔作业对井下生产效率的最大影响是作业机械的性能[58]。随着高度的增加，井下风机的风压、风量和功率将降低，存在一定的降效问题。

高原环境特殊，主要存在以下问题：首先是设备输出功率的降低导致电机热不易散发，导致设备损毁。再者是该海拔低湿和缺氧的情况使得换向器难以形成致密氧化膜，加速设备老化[59]。在海拔3400m以上区域，各种机械的发动机功率、牵引特性、提速性能、爬坡性能、每小时运转率已大大降低，并且存在积碳，加速磨损和排放超标等隐患。根据测试，在海拔3400m以上，带增压装置的柴油机功率降低了29%，无增压装置的空气滤清器性能下降了近48%。值得关注的是，高海拔恶劣的环境令设备更容易发生故障，主要表现为作业机械的脆性增加，容易损坏，同时各仪器的灵敏性也会受到影响。

2.2　高海拔地区矿井通风困难致因分析

2.2.1　通风网络动态改变及通风构筑物设置不合理

随着高海拔矿井向下开拓，通风网络的复杂性增加，导致地下通风系统网络布局的合理性有待进一步优化，而现有的通风网络布局已引起许多新的通风问题。比如，由于多中段同时开采，作业面相对分散而风流调控设施又相对缺乏，很难合理地分配风流；矿井通风线的延伸和通风巷道堆积物的增加导致气流通风阻力增大；采掘计划执行不及时，大量采空区没有及时封堵造成漏风和风流短路，大大降低了有效通风量。

井下通风构筑物的合理设置对于保证各工作面有足够新鲜风流有着至关重要的作用。然而随着井下通风网络的动态改变，通风构筑物设置地点与方式也存在一系列问题，导致井下通风混乱，风流短路。另外一些通风构筑物设置在人员矿车通过频繁的地方，严重影响了生产效率。

2.2.2　高海拔矿井通风动力不足

高原矿井受海拔因素的影响，各机械设备存在一定的降效问题，同时随着高海拔矿井的持续向下开采，井下工作面数量有所增加，通风距离的增加也导致通风阻力明显提高，原有通风系统稳定状态被打破，而相应的通风设备调控能力有限，设备降效导致井下风量不足，这就导致矿井通风受限，采掘作业面产生的有害气体也不能有效排出，对矿工的心理和生理状态造成较大的影响，降低了工作效率。

2.2.3　高海拔矿井通风管控意识淡薄

通风管理工作对于保证矿井有序生产起着重要的作用，尤其在高海拔地区，井下环境与平原地区相差甚远，如果管理不当或者矿工对于高海拔井下作业自我防护意识不强，将严重影响生产的顺利进行。矿井通风管理工作贯穿矿井的整个生命周期，井下风质以及通风效率的好坏将直接影响井下管理工作的进行。高海拔矿井需要管理人员在井下通风上做出比平原矿井更多的工作，高原矿井通风管理问题主要有以下几个方面的问题：（1）对企业员工进行专门的高海拔矿井作业、防护、自救等相关培训力度不够。（2）井下管理人员通风管理专业技能有待加强，缺乏高原环境作业下的相关理论知识。（3）适用于高海拔矿井调控的增压增氧设备较少。（4）管理人员自身懒散，没有责任心。

2.3　高海拔适宜通风方式分析及通风参数的校核

高海拔地区矿井环境恶劣，对井下通风系统影响巨大，为达到增加井下气压和含氧量的目的，选择合适的通风方式显得尤为重要[60]。此外，高海拔地区空气各项参数与平原地区有很大不同，用平原地区矿井风量、风阻的计算原则来计算高海拔地区矿井不合适，有必要对平原矿井的相关参数进行校核作为高海拔矿井的计算依据。

2.3.1　高海拔适宜通风方式分析

目前，压入式通风、抽出式通风和压抽结合式通风是矿山企业常用的3种通风方式[61]。

2.3.1.1　压入式通风

压入式通风的主扇布置于矿井进风口，该通风方式可使井下形成较高的正压，有利于高海拔矿井的通风调控，进而改善井下低压缺氧的环境，其示意图如图2.3所示。但压入式通风方式也存在不足，比如进风段压力梯度较高的地方会导致一定的漏风问题；而风流调控设施大多设在进风段，这对于井下人员和运输车辆的通行有一定影响，同时井底车场漏风问题较为严重。

2.3.1.2　抽出式通风

抽出式通风是将主扇安装在矿井回风口的通风方式，该方式被应用于平原大多数矿井，在此方式下井下通风系统呈负压状态，通风示意图如图2.4所示。抽出式通风的特点是管理简单快捷，使用方便，因为与压入式通风方式不同，抽出式通风的风流调控设施常布置于通风回风段，受到较少的行人及矿车运输影响。此外抽出式通风方式可以使污风快速向回风道聚集，有利于烟尘的顺利排出，这也是大多数矿井采用该通风方式的原因。但是，抽出式通风方式会在井下形成较大的负压，在高海拔地区无法改善低压状态，使得井下环境更加恶劣。所以必须结合高海拔矿井的特点选择合适的主扇通风方式。

2.3.1.3　抽压混合式通风

抽压混合式通风是在矿井入风口设压入式通风机，在回风口设置抽出式风机的通风，入风侧和回风侧均有主扇控制，示意图如图2.5所示。在此通风方式下，井下具有较高的风压和压力梯度，风流较为稳定，同时具有压入式和抽出式通风的优点，能够克服单一通风方式的缺点。该通风方式主要优点有两点：一是它能保证井下有足够的新鲜空气，矿井漏风量较小，有效风量高，能快速排出有害气体；二是可以提高井下局部压力，防止有害气体的溢出，提高井下通风效果。

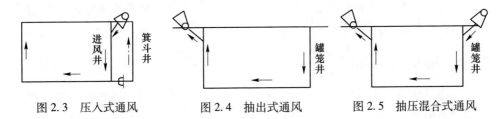

图2.3　压入式通风　　　图2.4　抽出式通风　　　图2.5　抽压混合式通风

高海拔地区的通风的特点是低压缺氧，采用该种通风方式既能满足井下风量需求，也能起到一定的增压效果，对于高海拔矿井有较好的使用性。

2.3.2　高海拔地区矿井通风风量校核

高海拔地区的大气压、密度与平原地区的差异性导致矿井风量计算与平原不同[62]。由于排尘风量不受空气密度影响，所以在对通风风量计算的时候只考虑海拔因素对排除炮烟所需风量的影响。

排除炮烟及其他有害气体的计算可用式（2.3）表示：

$$q_0 \propto \sqrt{\frac{C}{C_{CO}}} \tag{2.3}$$

式中，q_0 为排出有害气体所需风量，$\mathrm{m^3/s}$；C_{CO} 为井下允许的有害气体浓度；C 为爆破后有害气体的浓度。

而井下爆破后有害气体的浓度可由式（2.4）表示：

$$C = \frac{Ab_{CO}}{10V}\% \tag{2.4}$$

式中，A 为炸药量，kg；V 为通风的容积，$\mathrm{m^3}$；b_{CO} 为 $1\mathrm{kg}$ 炸药产生的一氧化碳量，$\mathrm{m^3/kg}$。

矿井排除井内有害气体所需风量与井下一氧化碳的浓度直接相关。在高海拔矿井，低气压导致炸药爆炸后的炮烟体积变大，所以高海拔地区矿井一氧化碳浓度可用式（2.5）表示：

$$(b_{CO})_h = \frac{T_h/T_0}{B_h/B_0}(b_{CO})_0 \tag{2.5}$$

式中，$(b_{CO})_h$ 为海拔高度 h 处 $1\mathrm{kg}$ 炸药爆炸时一氧化碳的产生量，$\mathrm{m^3/kg}$；B_0 为平原地区气压值，Pa；B_h 为高度 h 处的气压值，Pa；T_0，T_h 分别为平原以及高度 h 处对应的温度值。

由式（2.3）~式（2.5）可知，在一氧化碳允许浓度前提下，高海拔环境会使炮烟体积变大，故要用式（2.6）高海拔高度系数对排烟风量进行校核：

$$q_h = \sqrt{1/K}\,q_0 \tag{2.6}$$

式中，q_h 为海拔高度 h 处所需风量，$\mathrm{m^3/s}$；q_0 为标准状况下排出有害气体所需风量，$\mathrm{m^3/s}$；K 为海拔高度系数。

2.3.3　高海拔矿井通风风阻校核

高海拔矿井风阻计算与平原地区不同主要体现在摩擦阻力系数的不同，在进行高海拔阻力计算时首先要对摩擦阻力系数进行修正，平原处摩擦阻力计算为：

$$\alpha = \frac{\lambda \rho}{8} \tag{2.7}$$

式中，α 为所求摩擦阻力对应的系数，$N \cdot S^2/m^4$；ρ 为高海拔环境下空气的密度，kg/m^3；λ 为无量纲系数。

λ 值跟所在巷道的尺寸大小以及支护方式有关，这两个因素在已建成巷道时已经确定，根据式（2.7）可知摩擦阻力系数仅与当地空气密度相关，由于空气密度与大气压呈正相关，海拔越高，空气密度越低，所以在计算高海拔矿井摩擦阻力时需对其进行校核。通过实验和实测可以得到标况下井巷的摩擦阻力系数为标准值，结合相关实验，可得到高海拔地区对应的摩擦阻力系数为：

$$\alpha = \alpha_0 \frac{\rho}{1.2} \tag{2.8}$$

式中，α_0 为平原处的阻力系数，$N \cdot s^2/m^4$；ρ 为井下对应的空气密度，kg/m^3。将 α 作为高海拔摩擦阻力系数，可得修正后的阻力计算式：

$$h_i = \alpha \frac{LP}{S^3} Q^2 \tag{2.9}$$

对于特定矿井，计算所需的相关参数一定，故在风量一定时，井巷摩擦阻力仅与 α 和 P 这两个变量有关，所以在对高海拔地区矿井通风阻力进行校核时要注意这两个因素。

2.3.4 高海拔地区矿井通风机校核

高海拔地区风机校核主要分为参数校核和风量校核。

（1）参数校核。在实际中，不同的海拔高度下，风机的风压和功率值是不一样的。在转速和叶轮直径等一定时依据风机相似定律，风压、功率与不同海拔密度的关系可表示为：

$$\begin{cases} \dfrac{H}{H_0} = \dfrac{0.00274 \rho D^2 n^2 h}{0.00274 \rho_0 D_0^2 n_0^2 h_0} = \dfrac{\rho}{\rho_0} \\ \dfrac{N}{N_0} = \dfrac{\rho}{\rho_0} \left(\dfrac{n}{n_0}\right)^3 \left(\dfrac{D}{D_0}\right)^5 = \dfrac{\rho}{\rho_0} \end{cases} \tag{2.10}$$

式中，H，H_0 为对应的风压值，Pa；N、N_0 为不同高度下对应的风机功率；ρ，ρ_0 为对应的井巷空气密度值，kg/m^3；n，n_0 为风机转速，r/min。

（2）风量校核。同理可知，风机风量间关系为：

$$\frac{Q_1}{Q_2} = \frac{0.04108 \times D_1^3 \times n_1 \overline{Q_1}}{0.04108 \times D_2^3 \times n_2 \overline{Q_2}} = \left(\frac{D_1}{D_2}\right)^3 \times \frac{n_1}{n_2} = 1 \tag{2.11}$$

式中，n_1，n_2 为对应风机转速，r/min；Q_1，Q_2 为不同海拔下风机风量引射值，m^3/s；D_1，D_2 为对应风机的叶片大小，m。通过式（2.11）可知，海拔因素并不影响风机的风量。

2.4　本章小结

　　本章主要从高海拔矿井通风的特殊性出发对高原的通风特性进行了分析并对矿井通风相关的参数进行了校核。首先，从海拔高度对空气性质、矿工生理和通风设备的影响三个方面进行了分析，明确了高海拔矿井通风的问题所在；然后，对高海拔矿井通风困难的原因进行了分析，主要从通风网络，通风设备和通风管理进行阐述；最后，对矿井常见通风方式进行了介绍，并由此引出了适宜高海拔矿井的通风方式。同时，为保证高海拔矿井通风风阻、风量计算的准确性，对矿井通风风量、风阻、通风机相关参数进行了校核，为随后井下风量风压计算奠定了基础。

3 高海拔矿井动态送风补偿优化方法

3.1 高海拔矿井动态送风补偿优化理论

3.1.1 动态送风补偿的优化指标

对低气压下动态送风补偿评价指标的主要影响因素进行初步分析可知，利用热舒适指标可实现动态送风补偿调控。热舒适是指人体对周围热环境所做出的主观满意度评价，主要分为三个方面，分别是外界环境、身体的主观感觉以及心理作用。外界环境：人体活动会产生热量，这种热量与外界环境的失热量作用产生一种热平衡关系，为维持这种热平衡关系，就需要分析环境对人体舒适的影响和人体舒适的环境条件；身体的主观感觉：分析人体对冷热应力的生理反应，如表皮温度、代谢率、血压、体温等，并通过身体的主观感觉辨别环境的舒适程度；心理作用：主要是运用心理学方法，辨别环境的冷热与舒适程度。实际上影响人体热舒适的因素很多并且各参数不易测量，从 20 世纪 20 年代开始，国内外研究学者通过分析影响热舒适的因素及各因素相互的作用关系，得到了较为完善的热舒适指标和热舒适范围。如贝氏标度、ASHRAE 标度和 ISO 标准。

一般采用国际标准化组织的 ASHRAE 标度及 ISO 标准来描述和评价热环境。其中，ASHRAE 标度将人体热舒适度划分为 7 级标度，分别为冷、凉、稍凉、适中、稍暖、暖、热，对应的热舒适值分别为 -3、-2、-1、0、+1、+2、+3，通过这 7 级热感觉指标来表示热舒适标准，将人体的热感觉进行了量化。ISO 标准则综合考虑了人体的新陈代谢率、人体的衣服热阻、空气的温度、空气的流速、空气的湿度以及内部空间的平均辐射温度这几个因素，确定出绝大多数人的热舒适感指标[63,64]。以下为 ISO 标准划分的 6 个影响因素的详细说明。

（1）新陈代谢率。新陈代谢是人体消耗从食物中获取的热量用于身体活动。高海拔地区低压缺氧，在缺氧的环境下，人体食欲下降导致蛋白质摄取量不足，影响人体身体健康。此外，在高海拔地区，人体易出现代谢紊乱以及头晕等症状，主要是因为高海拔地区环境氧气含量低、温度低和湿度低，人体为适应高海拔环境会消耗体内更多的热量，导致新陈代谢加快。矿井作业人员在井下从事繁重的体力劳动，摄入能量不足将会对矿井作业人员的身体健康产生严重的危害。所以新陈代谢率是影响高海拔矿井热舒适度的一个重要因素。

（2）空气温度。人体对冷热感觉的判断最为灵敏，所以外界空气温度是影响人体热舒适度的重要因素。人体与外界环境的导热、对流换热及蒸发换热由人体表皮与外界环境间的温度差决定。

（3）空气流速。空气流速影响人体的对流散热量及蒸发散热量。在对流散热量方面，当空气温度小于人体表皮温度时，会增大对流散热量，产生散热效果；在蒸发散热量方面，当空气温度大于人体表皮温度时，流速增加会造成对流散热量增大，使人体温度升高，提高蒸发效率。

（4）平均辐射温度。平均辐射温度受到空间形状、空间的空气温度等多种因素影响，在理想状态下，若环境中无温湿度差及平均辐射温度差，人们会更容易感到舒适。而一般情况下，环境中都会出现不均匀的温湿度和平均辐射温度，但高海拔矿井井下一般处于封闭环境，离外界自然环境较远，受平均辐射温度影响小，因此一般不考虑平均辐射温度的影响。

（5）服装热阻。当内部空间的温度在25~40℃时，人体通过心理作用调节自身热舒适度，当内部空间的温度在25℃以上40℃以外时，心理调节作用变化不明显，需要借助外力如适当增加或减少衣物、通风等手段调节自身热舒适度。另外，人体服装热阻值会随海拔高度的升高而增大，因此研究高海拔矿井热舒适还需要考虑当地人的着装习惯。

（6）相对湿度。空气相对湿度对人体热舒适产生影响有直接影响和间接影响2种方式。直接影响主要是内部空间与人体表皮的相对湿度差影响人体与周围环境的蒸发散热量；间接影响主要是环境中的湿度会改变人体表皮的湿润度，从而影响人体的排汗率。

热舒适的计算采用的是美国伯克利分校建筑环境中心研究的热舒适计算工具进行计算的，具体界面如图3.1所示[65]。根据影响热舒适指标的6个因素：人体新陈代谢率、空气温度、空气流速、环境平均辐射温度、服装热阻、相对湿度进行计算，可得到PMV（predicted mean vote，平均热感觉指数），PPD（predicted percentage of dissatisfied，预测不满意百分数）、热感觉、SET（standard effective temperature，标准有效温度）等热舒适指标值。

3.1.2　局部优化理论

为实现矿井动态送风补偿，本书采用PID控制理论进行补偿通风的计算及仿真。PID控制理论是最早发展起来的一种控制策略，具有诸多优点。如算法简单、可靠性强、精确的数学模型以及鲁棒性好等优点。从开始发展到现在，PID控制理论在各类工程项目的控制与研究中被频繁使用。随着计算机科技的快速发展和进步，数字PID技术应用范围较广，PID控制技术对PID控制算法的要求相对较高，PID控制算法直接影响PID控制效果，相同的系统在不同的控制算法下其控制的效果都大不相同[66,67]。

热舒适计算工具(ASHRAE-55)

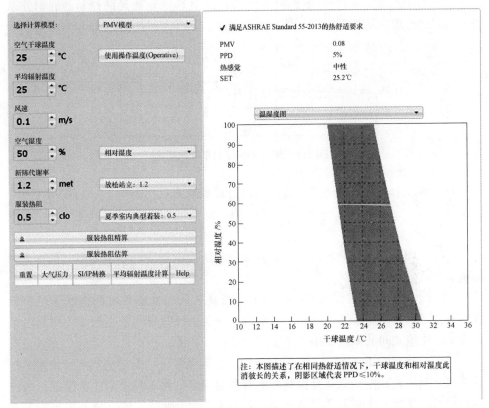

图 3.1 热舒适计算工具

（SI/IP 转换为国际单位值与英寸-磅系统转换；Help 为帮助，

包含热舒适计算工具的使用及热舒适影响因素的具体解释）

PID 控制器对系统进行控制的基本操作步骤分为 3 步：第一，对控制偏差进行比例计算、积分计算和微分计算；第二，通过线性组合的方式对第一步的比例、积分、微分的计算结果进行组合构成系统控制量；第三，被控制对象的相关参数利用系统控制量进行调节，从而实现对被控对象的精确控制。PID 控制系统原理模拟如图 3.2 所示。

图 3.2 中，$r(t)$ 为系统的预先设定输入值；$y(t)$ 为 $r(t)$ 在预先设定输入值的条件下，系统的实际输出值；$e(t) = r(t) - y(t)$ 是系统的偏差，同时也是 PID 控制的输入变量；$u(t)$ 对 PID 控制器本身来说，是 PID 控制器的输出变量，但对于整个系统的被控对象来说，$u(t)$ 则为 PID 控制器的输入变量。因而，PID 控制器的控制规律可用式（3.1）表示：

$$u(t) = K_{p}\left[e(t) + \frac{1}{T_{i}}\int_{0}^{t}e(t)\,\mathrm{d}t + T_{d}\frac{\mathrm{d}e(t)}{\mathrm{d}t}\right] \tag{3.1}$$

式中，K_{p}为动态送风局部控制器的比例系数；T_{i}为动态送风局部控制器的积分系数；T_{d}为动态送风局部控制器的微分系数。

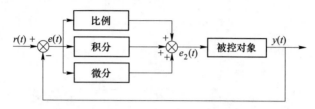

图 3.2　模拟 PID 控制系统原理

一般情况下，统一描述 PID 控制器的传递函数为：

$$G(s) = k_{p} + \frac{k_{i}}{s} + k_{d}s \tag{3.2}$$

式中，k_{p}为 PID 控制器中的比例系数；k_{i}为 PID 控制器中的积分系数；k_{d}为 PID 控制器中微分系数。

k_{p}，k_{i}，k_{d}这三个值是评判一个控制系统优劣的重要参数。调整好这三个参数的值，可以使控制系统快速达到目标值。控制系统的超调量小甚至无超调，稳定值与设定值之间的偏差最小[68,69]。

（1）比例系数 k_{p}。k_{p}为 PID 控制器中的比例系数，可以将偏差信号快速、有效地成比例放大。控制原理是检测系统输入值与输出值之间是否存在偏差，当检测到偏差存在时，控制器会发出一个偏差的比例调节信号，通过调节信号将偏差降至最低。控制比例系数可调节系统控制其相应的快慢程度，即当比例系数 k_{p} 越小，系统响应越慢；当比例系数 k_{p} 越大，系统的控制响应作用越强，系统响应越快。但 k_{p} 过大可能会使系统产生较大的超调或振荡，系统的稳定性较差。因此，k_{p} 的选择应合理有效，使控制系统的信号在规定的范围内，并具有快速的响应速度。

（2）积分系数 k_{i}。k_{i}为 PID 控制系统中的积分系数，能够消除静差并提高系统的无差度。主要控制原理为当比例系数的控制作用无法完全消除偏差 $e(t)$，系统会自动进入积分环节，对系统输入的偏差进行积分计算，使控制器的输出值与执行器的开度发生改变，从而减少系统的偏差。主要控制作用是保证控制器在积分控制的环节完全消除静差。k_{i}的大小表示积分作用的强弱，k_{i}越大，表明积分环节的作用越弱；k_{i}越小，表明积分环节的作用越强。与比例系数一样，积分系数也需折中考虑，积分作用不能太强，否则会导致系统产生振荡不稳定。

（3）微分系数 k_{d}。k_{d}为 PID 控制系统中的微分系数，可以用来描述偏差信号的变化趋势。控制原理是在系统中引入一个早期修正信号，为阻止偏差信号值超出变大范围，使系统动作速度加快，从而减少调节时间。系统在引入积分控制作用后，虽然可以消除静差，但同时系统响应会变慢，若被控对象的惯性较大，很难对系统进行准确的动态调节，并且会使系统出现超调和振荡的副作用，这时就需要引入微分系数。微分控制环节的主要作用是减小系统的超调和振荡，加快系统响应速度，减小系统调节时间，进而提高系统的动态性能，但微分时间过大会导致系统不稳定，所以微分系数也需要折中考虑。微分控制作用具有局限性，主要是因为微分控制会使系统引入高频噪声，所以不适用于干扰信号比较严重的流量控制系统中。

对于 PID 控制，当控制偏差输入为阶跃信号时，立即产生比例和微分控制作用，由于在偏差刚进行输入时，其变化率很大，微分控制作用很强，此后微分控制作用迅速减弱，但积分控制作用变得越来越强，直到静差最终消除。PID 控制综合考虑了比例、积分、微分 3 种作用，既加快了系统响应速度，减小振荡和超调，又能有效消除静差，改善系统的静态和动态效率，因而 PID 控制器广泛应用于工业控制中。

目前，在实际的工业项目控制中，PID 参数有多重整定方法，比如单纯形法、专家整定法、理论计算整定法、爬山法、间接寻优法、工程整定法、梯度法等。上述方法都有各自的寻优特性但也都存在着一定的弊端。例如单纯形法，主要缺点是在寻优初期对初始设定值要求高，如果设置不当，很容易使整个全局系统寻优过程在开始时就陷入局部最优的循环求解中，造成系统无法获得最优解。

本书对 PID 控制器的参数进行寻优时，采用带惯性权重的粒子群 PID 参数整定法。该方法的优点是克服了单纯形法对初值要求高的要求，对控制系统初始信息需求量很小，并且使系统可以在全局范围内达到较好的控制效果。

带有惯性权重的粒子群算法的表达式为：

$$v_{id}^{k+1} = \omega^k v_{id}^k + c_1 \times rand(\ ) \times (p_{id}^k - x_{id}^k) + rand(\ ) \times (p_{gd}^k - x_{id}^k) \tag{3.3}$$

$$\omega = \omega_{max} - \frac{\omega_{max} - \omega_{min}}{iter_{max}} \times iter \tag{3.4}$$

式中，ω 为惯性权重；v_{id} 为初始速度；ω_{max} 为最大惯性权重值；ω_{min} 为最小惯性权重值；$iter$ 为迭代的次数。

惯性权重是粒子群优化算法中一个非常重要的参数，它决定着整个算法的寻优效果。当惯性权重值较大时，粒子的全局搜索能力较强；当惯性权重值较小时，粒子的局部搜索能力较强。同基本粒子群算法的表达式相比，带有惯性权重的粒子群算法可以有效扩展搜索空间并保证粒子自身运动惯性不衰减。惯性权重 ω 可以起到在寻优过程中，均衡粒子全局和局部搜索能力的作用，保证整个寻优过程的公平性和非偶然性。为了使全局范围内的搜索效果更好，应该保证前期粒子的探索能力以及后期粒子较高的开发能力，这样既能保证粒子的搜索效果又能使求解的收敛速度加快。

改进后的粒子群算法的优点是在全局和局部之间，可以使算法的搜索能力得到很好的平衡，主要体现在算法在迭代过程中，根据对不同时间的寻优情况，动态调整各惯性权重值，也就是在寻优过程中，适当减小惯性权重值 ω。带惯性权重的粒子群优化算法表达式如下：

$$\omega_i = \omega_{end} + (\omega_{start} - \omega_{end}) \left| \frac{t_{max} - t_i}{t_{max}} \right| \tag{3.5}$$

式中，t_{max} 为最大迭代次数；t_i 为当前迭代次数；ω_{start} 为初始惯性最大权重值；ω_{end} 为最终惯性最小权重值。

经过线性调整后，可以得到一种典型的非线性惯性权值递减函数：

$$\omega_i = (\omega_{start} - \omega_{end}) \left(\frac{t_i}{t_{max}} \right)^2 + (\omega_{start} - \omega_{end}) \left(\frac{2t}{t_{max}} \right) + \omega_{start} \tag{3.6}$$

带惯性权重粒子群算法优化 PID 参数原理与带惯性权重的粒子群算法流程如图 3.3、图 3.4 所示。

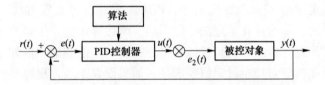

图 3.3　带惯性权重粒子群算法优化 PID 参数原理

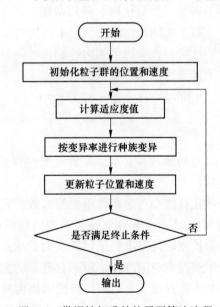

图 3.4　带惯性权重的粒子群算法流程

带惯性权重的粒子群优化算法具体步骤为：（1）对各维的粒子进行初始化，首先设定群体中粒子的取值范围，对若干粒子进行随机初始化，得到每个粒子的最初位置信息和速度值信息，得到随机粒子群。（2）对粒子进行适应度计算。（3）对粒子进行种群更新，找到全局及局部的最优解。（4）判断粒子群是否符合迭代终止要求的条件，若符合，则得到整定后的 PID 输出值；若不符合，则进入第二步重新进行适应度计算开始新一轮寻优。

3.1.3 全局优化理论

将大系统理论运用于高海拔地区矿井通风系统动态送风补偿全局优化[70~74]。优化步骤为：（1）确定研究问题的目标函数，比如系统设备的能耗最小、机器的效率最大等；（2）考虑实现目标函数的过程变量函数与决策变量函数；（3）考虑系统优化变量的等式和不等式约束；（4）根据等式约束及不等式约束计算目标函数，得到各局部变量的优化结果，将优化结果传输至各局部系统的控制器；（5）判断：控制器根据各局部系统之间的横向关联度及目标函数，判断是否达到全局最优效果，若达到，则输出各局部变量最优值；若没有达到，则需要将新的优化变量输入局部决策单元，重新进行优化，直到得出最优解。大系统优化有 3 种方法，分别是关联预测法、关联平衡法及关联预测平衡法。

（1）关联预测法（IPM），又称为直接法。关联预测法的特点是通过局部系统控制器可以直接确定出各个局部系统的输出变量及目标函数，从而得出决策变量的值。

（2）关联平衡法（IBM），又称为价格法。关联平衡法的特点是将各个局部系统的关联输入都作为独立变量来进行寻优。引入关联约束的 Lagrange 乘子向量作为各局部系统的关联合并到目标函数，通过控制器对乘子向量不断修正，调整各局部系统的目标函数，直到各个局部系统的变量都满足关联要求。

（3）关联预测平衡法（IPBM），又称为混合法。就是将直接法和价格法结合的一种协调方法，混合法的特点是将关联输出变量和 Lagrange 乘子向量都作为协调变量。

关联预测法的缺点是各局部决策单元只能通过控制器的作用进行修正调节，不利于求解问题的最优解；关联平衡法的缺点是在优化过程中，对各局部系统的要求很高，只有当各局部系统的迭代求解都满足收敛条件时，关联平衡迭代才满足要求；关联预测平衡法的缺点是在求解时增加了协调任务，求解速度慢。综上，关联预测法即使迭代求解后的结果不是最优，但是把求解的控制变量加到通风系统中，可以使各局部系统之间进行有效的横向信息传递[75,76]。因此本书选择关联预测法作为高海拔矿井通风动态送风补偿的优化方法。

采用大系统"分解-协调"方法，按照如图 3.5 所示步骤，首先进行局部系统的划分，实现典型高海拔地区矿井通风系统的分解，确立动态送风补偿参数，建立带全局反馈的递阶结构。在此基础上，引入动态送风补偿策略所得到的反馈参数，结合协调级与局部决策单元的交互信息构建末端动态送风补偿的递阶反馈模型。

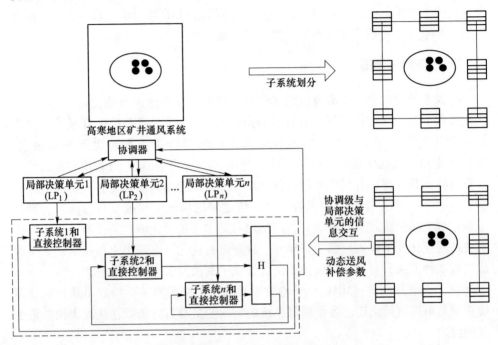

图 3.5　高海拔地区矿井通风系统递阶模型建立示意图

3.2　高海拔矿井动态送风补偿系统能耗模型

3.2.1　暖风机能耗模型

高海拔矿井的暖风机是与矿井巷道进行热交换的耗能设备[77,78]。根据流体力学的理论，可知高海拔矿井暖风机功率的计算公式：

$$W = Q \times p \tag{3.7}$$

式中，W 为高海拔矿井暖风机功耗，kW；Q 为暖风机的空气流量，m^3/h；p 为暖风机的空气压力，Pa。

若流量与压力一定，则高海拔矿井暖风机的功率与空气流量呈线性关系[72]，因此暖风机能耗模型公式如下：

$$W_{hfan} = a_0 + a_1(f_{hfan}) + a_2(f_{hfan})^2 + a_3(f_{hfan})^3 \tag{3.8}$$

式中，W_{hfan} 为空气处理机组能耗，kW；f_{hfan} 为风机频率，Hz；a_0，a_1，a_2，a_3 为常系数。

由暖风机能耗模型公式可得，暖风机频率随着空气流量的增大而增大，故可以用暖风机频率来表示暖风机的能耗。通过测量暖风机的能耗和频率，使用 Matlab 曲线拟合工具箱对所测数据进行拟合。能耗拟合曲线如图 3.6 所示。

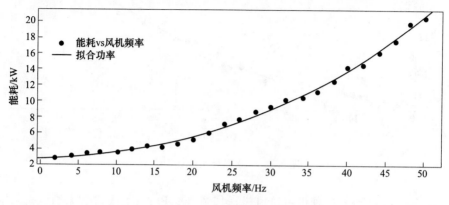

图 3.6 暖风机能耗拟合

从图 3.6 可得出的能耗拟合公式为

$$W_{\text{hfan}} = 2.831 + 0.02195 f_{\text{hfan}} + 0.004964 f_{\text{hfan}}^2 + 0.000035 f_{\text{hfan}}^3 \tag{3.9}$$

3.2.2 热水循环能耗模型

热水循环泵的功率可以由水的流量来表示，其能耗模型如下：

$$W_{\text{heater}} = b_0 + b_1 \left(\frac{Q_{\text{heater}}}{Q_{\text{heater,nom}}} \right) + b_2 \left(\frac{Q_{\text{heater}}}{Q_{\text{heater,nom}}} \right)^2 + b_3 \left(\frac{Q_{\text{heater}}}{Q_{\text{heater,nom}}} \right)^3 \tag{3.10}$$

式中，W_{heater} 为热水循环泵的功耗，kW；Q_{heater} 为暖风机的实际水流量，m³/h；$Q_{\text{heater,nom}}$ 为热水循环泵的名义水流量，m³/h；b_0，b_1，b_2，b_3 为常数。

由热水循环泵能耗模型公式可得，热水流量能表示热水循环泵的能耗，通过测量热水循环泵的能耗和热水流量，使用拟合工具箱的自定义函数功能对所测数据进行拟合。能耗拟合曲线如图 3.7 所示。

从图 3.7 可得出的能耗拟合公式为：

$$W_{\text{heater}} = 4.621 - 0.1191 Q_{\text{heater}} + 0.01234 Q_{\text{heater}}^2 - 0.000077 Q_{\text{heater}}^3 \tag{3.11}$$

3.2.3 空气处理机组能耗模型

空气处理机组采用变频控制送风量，其能耗模型如下：

$$W_{\text{ahu}} = \frac{Q_{\text{ahu}} \times p_{\text{ahu}}}{g_{\text{ahu}} \times \eta_{\text{ahu}}} \tag{3.12}$$

式中，W_{ahu} 为空气处理机组送风机的能耗，kW；Q_{ahu} 为空气处理机组送风机的风

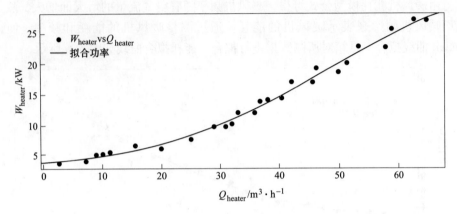

图 3.7　热水循环泵能耗拟合

量，m^3/s；p_{ahu} 为空气处理机组送风机送风静压，Pa；g_{ahu} 为常数系数，η_{ahu} 为送风机效率。

在实际矿井通风系统中，当风量小于 $4m^3/s$，通风系统的静压大于通风系统的动压。因此，空气处理机组送风机的送风压力近似等于矿井通风系统的静压。空气处理机组由于受到送风量和送风压力的影响，是一个非线性的表达式，上式中的分母可用式（3.13）表示。

$$g_{ahu}\eta_{ahu} = c_0 + c_1 Q_{ahu} + c_2 Q_{ahu}^2 + c_3 p_{ahu} + c_4 p_{ahu}^2 + c_5 Q_{ahu} p_{ahu} \qquad (3.13)$$

通过计算空气处理系统送风机消耗的功率和送风量等参数，用最小二乘法对空气处理系统送风机进行拟合，得到式（3.13）中的系数分别为：

$$c_0 = 199.4354; c_1 = 38.2746; c_2 = 13.2213$$

$$c_3 = -0.3658; c_4 = -0.0017; c_5 = 2.1535$$

其能耗拟合曲线如图 3.8 所示。

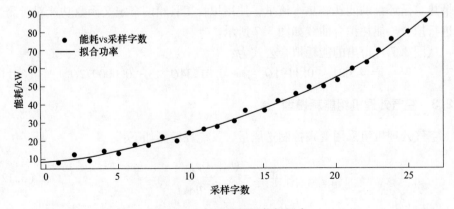

图 3.8　空气处理机组能耗拟合

3.2.4 末端处理风机能耗模型

同暖风机能耗模型，若风机的流量和压力一定，末端处理风机能耗与频率呈线性关系，模型如下：

$$W_{rw} = d_0 + d_1 f_{rw} + d_2 f_{rw}^2 + d_3 f_{rw}^3 \tag{3.14}$$

式中，W_{rw} 为末端处理风机能耗，kW；f_{rw} 为末端处理风机频率；d_0，d_1，d_2，d_3 为末端处理风机运行时的常数。

通过计算末端处理风机的功率和送风量两个参数，使用曲线拟合工具箱对所测数据进行拟合。能耗拟合曲线如图 3.9 所示。

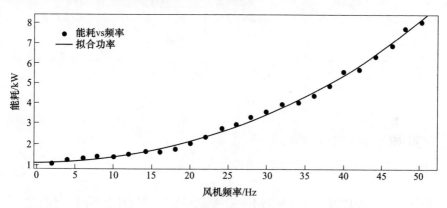

图 3.9　末端处理机组能耗拟合

从图 3.9 可得出的能耗拟合公式为：

$$W_{rw} = 1.108 + 0.008591 f_{rw} + 0.001935 f_{rw}^2 + 0.000014 f_{rw}^3 \tag{3.15}$$

3.3　局部系统优化仿真结果及分析

3.3.1　局部优化方法的建立

基本粒子群算法具有易早熟、收敛性效果差等缺陷，为此需要对粒子群算法进行改进，使结果的误差性能最小。本书选用目标函数为误差性能指标 $LTAE$，该函数有助于判定粒子群寻优过程中粒子位置，表达式如下：

$$J_{LATE} = \int_0^\infty t |r(t)| \mathrm{d}t \tag{3.16}$$

式中，$r(t)$ 为实际反馈值与设定值的差；t 为迭代次数。

使用惯性权重的粒子群 PID（CPSO-PID）参数整定法对控制器中的各参数进行整定，整定原理如图 3.10 所示。

电阻特征是传感器输出方式的决定因素，根据热平衡定律，传感器的反馈温度为

$$T_2 = T_r + \tau_d \frac{T_r}{dt} \tag{3.17}$$

式中，T_2 为反馈温度，℃；T_r 为井下温度，℃；τ_d 为时间系数。

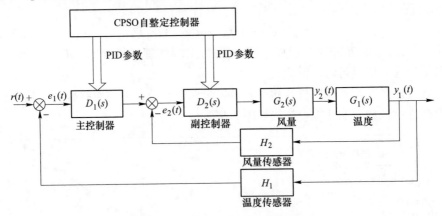

图 3.10　CPSO-PID 自整定控制系统

风阀执行器的微分方程为：

$$\frac{dC}{dt} = \frac{C_i}{\tau_0 s} \tag{3.18}$$

由 PID 控制原理可知，控制器不同，控制器发出的信号也不同。不同的控制器对应不同的数学模型，即传递函数。本书选用的 PID 控制器的传递函数模型为：

$$G_s(s) = \frac{U(s)}{E(s)} = K_p\left(1 + \frac{1}{T_1 s} + T_D s\right) \tag{3.19}$$

式中，K_p 为比例系数；T_1 为积分时间系数；T_D 为微分时间系数。

本书是以高海拔矿井末端巷道为例，其控制系统结构如图 3.11 所示。模型是通过控制温度和风速来影响 PMV 指标：收集当前环境的温度和风速值并计算对应的 PMV 值，将其与最优 PMV 指标值对比后，根据差值，确定影响 PMV 值的各个环境参数的初始设定值，并将相关参数作为 PMV 标准值。

综合计算分析当前环境下的 PMV 值，将其和理想状态下的 PMV 指标值对比后，根据差值，确定影响 PMV 值的各个环境参数的初始设定值，并将相关参数作为直接受控参数。

在仿真实验时，需要加入延迟时间，以便合理反映工程实际。调节通道及扰动通道的传递函数如下：

$$G_1 = \frac{k_w e^{-\tau s}}{Ts + 1} \tag{3.20}$$

$$G_2 = \frac{k_q e^{-\tau s}}{Ts + 1} \tag{3.21}$$

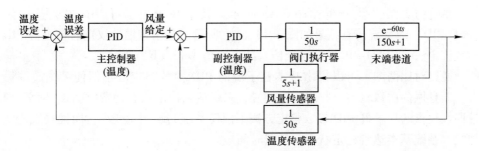

图 3.11 末端控制系统回路结构

式中，G_1 为调节通道的传递函数；G_2 为扰动通道的传递函数；k_w 为巷道末端调节通道的放大系数，$°C/(m^3 \cdot s^{-1})$；k_q 为巷道末端扰动通道的放大系数，$°C/(m^3 \cdot s^{-1})$；T 为时间常数。

在实际研究中，针对具体控制系统，其相关参数可以根据工程实际情况、原始数据和经验确定。

根据 MZG 金矿末端巷道的特性，确定末端巷道的温度对象的传递函数为 $G_1(s) = \dfrac{e^{-60ts}}{150s+1}$；确定温度、风量、风阀的时间常数分别为 30、3、50；确定温度、风量、风阀的传递函数分别为 $F_1 = \dfrac{1}{30s+1}$、$F_2 = \dfrac{1}{3s+1}$、$G_2 = \dfrac{1}{50s}$。

3.3.2 局部优化仿真结果及分析

首先建立高海拔矿井通风系统数学模型，借助 Matlab 的 Simulink 仿真工具建立模型，如图 3.12 所示。

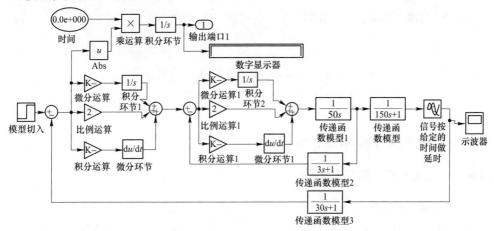

图 3.12 末端 Simulink 模型

　　系统仿真结果及分析如图 3.13 所示，其中基于粒子群 PID 参数整定法（PSO-PID）的系统仿真结果如图 3.13（a）所示，基于带惯性权重的粒子群 PID 参数整定法（CPSO-PID）的系统仿真结果如图 3.13（b）所示。

　　通过对比两图，可以得出基本粒子群的 PID 参数整定法不但使系统超调量大，而且振荡次数较多，收敛速度变慢，系统达到稳定状态耗费时间长。而采用带惯性权重的粒子群 PID 参数整定方法不但使系统的超调量变小，而且收敛速度加快，系统基本达到稳定状态，耗费时间短。

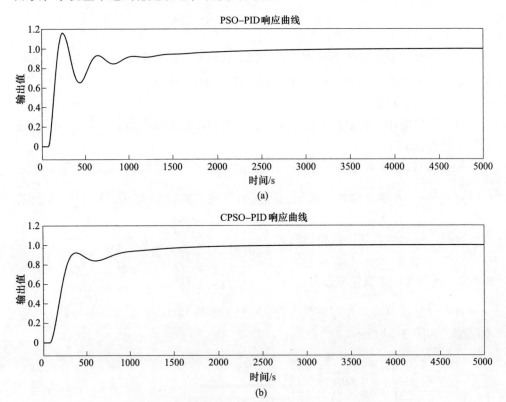

图 3.13　两种鉴定方法下的 PID 系统仿真

（a）PSO-PID 系统仿真结果；（b）CPSO-PID 系统仿真结果

3.4　全局系统分解和稳态辨识

3.4.1　全局系统递阶结构分解

　　高海拔矿井通风系统的主要组成是水系统、风系统和巷道末端系统。水系统主要是由锅炉房加热水来控制温度，风系统主要是由暖风机将加热水转换成热风来控制井下温度，巷道末端主要是由空气处理机组控制井下空气质量，末端处理控制巷道温度符合舒适度要求[79]。按照大系统理论将高海拔矿井通风系统分解为多级控制结构。

高海拔矿井通风系统主要由以下4部分组成：热水循环系统、暖风机系统、空气处理系统、巷道末端系统，如图 3.14 所示。

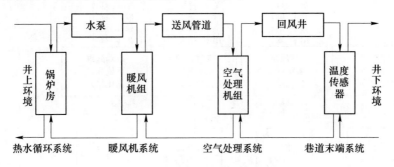

图 3.14　高海拔矿井通风能量变换

高海拔矿井通风系统是一个具有多个目标控制的复杂系统，根据矿井通风设备的能量传递过程，按照大系统稳态递阶优化方法，将高海拔矿井分解为4个局部子系统，如图 3.15 所示。

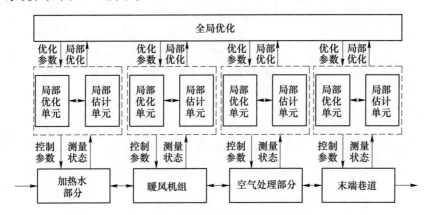

图 3.15　分解和协调递阶结构模型

通过以上对高海拔矿井通风基础理论的分析可知，高海拔矿井通风系统的分解协调优化采用改进后的关联预测法，即在迭代优化的过程中采用关联预测法。在高海拔矿井通风系统中引入未求解的控制变量，使模型方程和约束条件符合要求。

高海拔矿井通风系统的结构分为全局层、局部层和控制层3个层次。其中，全局层主要由协调器控制关联输出及目标函数值；局部层主要由各局部的决策单元对控制变量加以限制；控制层由各个局部系统的控制器进行协调优化。高海拔矿井通风系统递阶结构如图 3.16 所示。

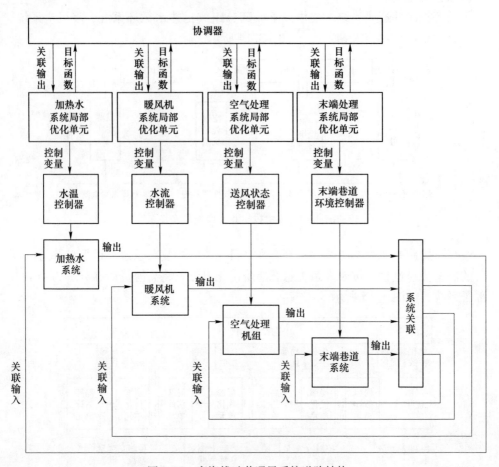

图 3.16　高海拔矿井通风系统递阶结构

　　根据高海拔矿井通风特点进行系统分解，全局通风系统可分解为 4 个局部系统，即热水循环系统、暖风机系统、空气处理系统和末端处理系统，基于分解方法进行全局系统的建模和辨识，如图 3.17 所示。

3.4.2　全局系统稳态优化数学描述

　　依据大系统理论对全局系统进行辨识[80]。全局系统一般由 N 个局部系统构成，采用大系统理论可以将其描述为：

$$y_i = F_i^*(c_i, u_i, z_i), u_i = \sum_{j=1}^{N} \boldsymbol{H}_{ij} y_j, i \in \overline{1, N} \qquad (3.22)$$

式中，y_i 为局部系统的输出变量；c_i 为局部系统的控制变量；u_i 为局部系统的关

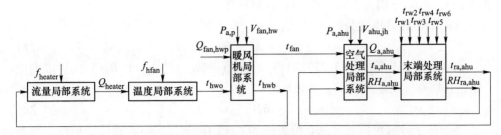

图 3.17 高海拔矿井通风系统分解

f_{heater}—加热水泵频率；Q_{heater}—加热水进水流量；f_{hfan}—暖风机频率；

$Q_{fan,hwp}$—暖风机组供水流量；t_{hwo}—加热水出水温度；$P_{a,p}$—暖风机供回水压差；

$V_{fan,hw}$—暖风机组加热水阀门开度；t_{fan}—暖风机组送风温度；t_{hwb}—加热水回水温度；

$P_{a,ahu}$—空气处理机组送风机；$V_{ahu,jh}$—空气处理机组加湿阀开度；

$Q_{a,ahu}$—空气处理机组送风量；$t_{a,ahu}$—空气处理机组送风温度；

$RH_{a,ahu}$—空气处理机组送风湿度；$t_{rw1\sim6}$—各巷道的温度设定；

$t_{ra,ahu}$—空气处理机组回风温度；$RH_{ra,ahu}$—空气处理机组回风湿度

联输入变量；z_i 为局部系统的扰动量；$\boldsymbol{H}_{ij}$ 为 0 与 1 构成的布尔型矩阵；F_i^*：c_i，u_i，$z_i \rightarrow y_i$ 为局部系统 i 的输入和输出映射，c_i，u_i，z_i 和 y_i 为有限维的欧式空间。式（3.22）写成简单形式：

$$y = F^*(c, u, z), u = \boldsymbol{H}y \qquad (3.23)$$

一般局部系统为慢扰动，高海拔矿井通风系统亦是如此，在慢扰动的系统中可忽略系统扰动量 z，因此高海拔矿井通风系统全局系统的数学描述可表示为 $F(c, u)$。

在全局系统中的各个局部系统都有各自对应且唯一的局部目标函数 Q_i，它表示为 c_i，u_i 的显函数 $Q_i(c_i, u_i)$，全局系统的总目标函数可表示为：

$$Q = \sum_{i=1}^{N} Q_i \qquad (3.24)$$

因此，大系统优化问题可以描述为：

$$\begin{cases} \min_{c,u} Q(c, u, y) \\ \text{s. t. } y = F(c, u) \\ u = \boldsymbol{H}y \\ G(c, u, y) \leqslant 0 \end{cases} \qquad (3.25)$$

式中，$G = (G_{11}, \cdots G_{1j}, \cdots G_{N1}, \cdots G_{Nj})^{\text{T}}$ 为各个局部系统的约束条件。

对于高海拔矿井通风系统来说，假设控制模型在优化时间范围内几乎不变，则全局系统模型中第 i 个局部系统的形式可表示为：

$$y_i = F_i(c_i, u_i) = \boldsymbol{A}_i c_i + \boldsymbol{B}_i u_i, u_i = \sum_{j=1}^{N} \boldsymbol{H}_{ij} y_j \qquad (3.26)$$

式中，A_i 和 B_i 分别为 $p_i \times m_i$ 和 $p_i \times r_i$ 的待求矩阵。

其简单形式可描述为：

$$y = F(c, u) = Ac + Bu, u = Hy \tag{3.27}$$

由式（3.26）和式（3.27）可得 $(1 - BH)y = Ac$，且 $\det(1 - BH) \neq 0$，以确保 y 存在且唯一，则输出变量 y 可表示为：

$$y = (1 - BH)^{-1} Ac = Kc \tag{3.28}$$

本书基于分散辨识的方法，给各局部系统的初始设定值添加阶跃信号。当系统达到稳定的状态时，通过各个关联变量的输入和输出值确定高海拔矿井的全局系统模型。由式（3.28）可知，y_i 通过矩阵 K 可表示为 c_i 的线性组合。

$$y_i = \sum_{i=1}^{N} K_{ij} c_j, i \in \overline{1, N} \tag{3.29}$$

式中，$(K_{ij})_{N \times N} = K$。

与式（3.29）同理，u_i 通过矩阵 H 可表示为 c_j 的线性组合。

$$u_i = \sum_{j=1}^{N} H_{ij} y_j = \sum_{j=1}^{N} H_{ij} \left(\sum_{s=1}^{N} K_{js} c_s \right) \tag{3.30}$$

可见，通过确定矩阵 D_{ij}（$D_{ij} = \sum_{s=1}^{N} H_{is} K_{sj}$）和 K_{ij}，矩阵 A_i 和 B_i 可求，完成全局系统模型辨识。

3.4.3　全局系统稳态辨识

基于高海拔矿井通风全局系统的分解图，通风系统各局部系统的关系式可以表示为：

$$u_1 = t_{hwb}, y_1 = Q_{heater}, c_1 = f_{heater}$$

$$u_2 = Q_{heater}, y_2 = t_{hwo}, c_2 = f_{hfan}$$

$$u_3 = \begin{bmatrix} Q_{fan,hwp} \\ t_{hwo} \end{bmatrix}, y_3 = \begin{bmatrix} t_{fan} \\ t_{hwb} \end{bmatrix}, c_3 = \begin{bmatrix} p_{a,p} \\ V_{fan,hw} \end{bmatrix}$$

$$u_4 = \begin{bmatrix} t_{fan} \\ t_{ra,ahu} \\ RH_{ra,ahu} \end{bmatrix}, y_4 = \begin{bmatrix} Q_{a,ahu} \\ t_{a,ahu} \\ RH_{a,ahu} \end{bmatrix}, c_4 = \begin{bmatrix} p_{a,ahu} \\ V_{ahu,jh} \end{bmatrix}$$

$$u_5 = \begin{bmatrix} Q_{a,ahu} \\ t_{a,ahu} \\ RH_{a,ahu} \end{bmatrix}, y_5 = \begin{bmatrix} t_{ra,ahu} \\ RH_{ra,ahu} \end{bmatrix}, c_5 = \begin{bmatrix} t_{rw1} \\ t_{rw2} \\ t_{rw3} \\ t_{rw4} \\ t_{rw5} \\ t_{rw6} \end{bmatrix}$$

因本次研究未考虑到湿度的控制，所以高海拔矿井通风系统的关系式简化为：

$$u_1 = t_{hwb}, y_1 = Q_{heater}, c_1 = f_{heater}$$

$$u_2 = Q_{heater}, y_2 = t_{hwo}, c_2 = f_{hfan}$$

$$\boldsymbol{u}_3 = \begin{bmatrix} Q_{fan,hwp} \\ t_{hwo} \end{bmatrix}, \boldsymbol{y}_3 = \begin{bmatrix} t_{fan} \\ t_{hwb} \end{bmatrix}, \boldsymbol{c}_3 = \begin{bmatrix} p_{a,p} \\ V_{fan,hw} \end{bmatrix}$$

$$\boldsymbol{u}_4 = \begin{bmatrix} t_{fan} \\ t_{ra,ahu} \end{bmatrix}, \boldsymbol{y}_4 = \begin{bmatrix} Q_{a,ahu} \\ t_{a.ahu} \end{bmatrix}, \boldsymbol{c}_4 = p_{a,ahu}$$

$$\boldsymbol{u}_5 = \begin{bmatrix} Q_{a,ahu} \\ t_{a.ahu} \end{bmatrix}, \boldsymbol{y}_5 = t_{ra,ahu}, \boldsymbol{c}_5 = \begin{bmatrix} t_{rw1} \\ t_{rw2} \\ t_{rw3} \\ t_{rw4} \\ t_{rw5} \\ t_{rw6} \end{bmatrix}$$

依据对高海拔矿井通风系统的分解，可得其关联矩阵：

$$\boldsymbol{u} = \begin{bmatrix} u_1 \\ u_2 \\ u_3 \\ u_4 \\ u_5 \end{bmatrix} = \boldsymbol{H}y = \begin{bmatrix} H_1 y_1 \\ H_2 y_2 \\ H_3 y_3 \\ H_4 y_4 \\ H_5 y_5 \end{bmatrix} = \begin{bmatrix} 0 & 0 & 0 & 1 & 0 & 0 & 0 \\ 1 & 0 & 0 & 0 & 0 & 0 & 0 \\ 0 & 0 & 1 & 0 & 0 & 0 & 0 \\ 0 & 1 & 0 & 0 & 0 & 0 & 0 \\ 0 & 0 & 1 & 0 & 0 & 0 & 0 \\ 0 & 0 & 0 & 1 & 0 & 0 & 0 \\ 0 & 0 & 0 & 0 & 1 & 0 & 0 \\ 0 & 0 & 0 & 0 & 0 & 1 & 0 \end{bmatrix}$$

针对各局部系统的分解模型设置初始设定值及阶跃值，如表 3.1 所示。

表 3.1 局部系统初始设定值

局部系统	操作变量	初始设定值	阶跃值
热水循环系统	加热水泵频率	35	40
暖风机系统	暖风机频率	35	40
空气处理系统	供回水压差	0.09	0.1
	空气处理机组水阀开度	30%	35%
	暖风机加热水阀开度	30%	35%
末端处理系统	巷道1~巷道6温度	0	5

根据以上数据及分析过程，可得各局部系统的稳态模型参数如下：

$\boldsymbol{A}_1 = \begin{bmatrix} 0.0246 \end{bmatrix}$，$\boldsymbol{B}_1 = \begin{bmatrix} 0.1342 \end{bmatrix}$；

$\boldsymbol{A}_2 = [-0.2021]$，$\boldsymbol{B}_2 = [15.3429]$；

$\boldsymbol{A}_3 = [0.1243]$，$\boldsymbol{B}_3 = [-0.8364]$；

$\boldsymbol{A}_4 = \begin{bmatrix} 0.0010 \\ 0.0342 \end{bmatrix}$，$\boldsymbol{B}_4 = \begin{bmatrix} -0.3612 & 0.0105 \\ 0.0025 & 0.2761 \end{bmatrix}$；

$\boldsymbol{A}_5 = [0.2514 \quad 0.2537 \quad 0.2572 \quad 0.2578 \quad 0.2534 \quad 0.2568]$；

$\boldsymbol{B}_5 = [0.8678 \quad 0.3224]$。

3.5　高海拔矿井动态送风补偿优化方法

3.5.1　系统优化问题

全局系统优化的总目标函数为：

$$Q = \sum_{i=1}^{N} Q_i = Q(Q_1, Q_2, \cdots, Q_N) \tag{3.31}$$

式中，Q 为局部系统的目标函数；i 为第 i 个局部系统，$i \in (1, N)$。

局部系统与全局通风系统之间具有保序性，因此可以采用分解-协调的优化方法对高海拔地区矿井进行全局优化。

全局优化的目标函数及约束变量的表达式为：

$$\begin{cases} \min Q(c, u, y) \\ \text{s. t. } y = F(c, u) \\ g(c, u, y) \leqslant 0 \\ \boldsymbol{u} = \boldsymbol{H}y \end{cases} \tag{3.32}$$

对于一些没有输出变量 y 的特殊优化问题，也可采用稳态优化的表达式：

$$\begin{cases} \min Q(c, u, y) \\ \text{s. t. } y = Kc \\ g(c, u, y) \leqslant 0 \\ \boldsymbol{u} = \boldsymbol{H}y \end{cases} \tag{3.33}$$

对于高海拔地区矿井动态送风补偿优化问题，有时会存在函数为非凸函数的问题。若目标问题的函数为非凸函数，需要首先将函数凸化处理，使得系统获得的局部最优解即为全局最优解。

3.5.2　系统优化方法

根据本书理论部分的研究分析，可得关联预测法的优化结果符合高海拔矿井通风系统的模型和约束条件，是一种可行的方法。用关联预测法求解问题的基本步骤为：（1）指定各个局部系统的输出变量值，确定各关联输入变量值；

（2）各个局部系统的决策单元通过自身的控制性能和指标寻求最优解；（3）通过各个局部系统的初始设定值及控制器的关联输出值对总目标函数进行优化。

而根据大系统关联预测法，建立高海拔矿井动态送风补偿优化方法如下。

步骤1：根据温湿度气象参数、通风设备负荷计算值以及满足PMV舒适度条件的巷道温度设定值，确定出各局部系统的输出变量。

步骤2：确定影响各输出变量的局部系统的目标函数，根据目标函数、关联条件、约束关系，在给定输出变量的基础上进行优化，并计算出相应的优化值。

步骤3：协调器设置收敛精度、校正系数，优化次数等值，根据目标函数和关联条件对输出量校正，并计算对应系统的总能耗。比较优化的总能耗与系统总能耗，若优化的总能耗小，则输出优化值，将优化控制量送到局部控制器作用，否则重新校正。

图3.18所示为高海拔地区矿井动态送风补偿方法流程。

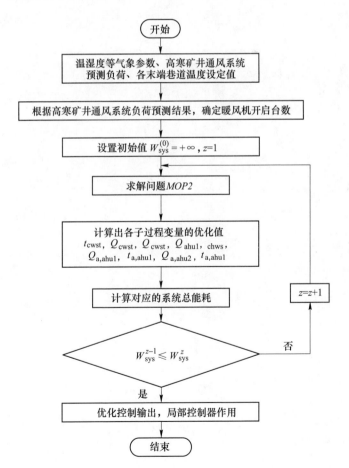

图 3.18 高海拔矿井动态送风补偿优化方案流程

3.6　本章小结

　　本章首先从动态送风补偿的优化指标、局部优化理论和全局优化理论三个方面介绍了动态送风补偿系统优化研究基础理论。其次确定高海拔矿井通风设备负荷预测模型，设计高海拔矿井动态送风补偿的局部优化方法，建立了带惯性权重的粒子群 PID（CPSO-PID）进行局部控制，最后对各局部系统的优化参数进行统一整定，并建立动态送风补偿仿真模型。结果表明：使用 CPSO-PID 方法不但使系统的超调量减小，而且加快了收敛速度，控制系统的性能得到了明显的提高。在对高海拔矿井进行分解及稳态辨识时，利用大系统"分解-协调"的方法建立高海拔矿井通风系统递阶结构模型，并采用最小二乘法对系统进行辨识，为建立全局优化模型提供依据。最后，提出高海拔矿井动态送风补偿优化方法，为后续研究打下基础。

4 高海拔矿井动态送风补偿系统优化模型

<<<<<<<<<<<<<<<<<<<<<<<<<<<<<<<<<<<<<<<<<<<<<<<<<<<<<<<<<<<<<<

4.1 高海拔矿井动态送风补偿系统模型

4.1.1 参数修正模型的建立

（1）空气对流换热。对流换热是影响高海拔（低气压）矿井动态送风补偿评价指标的主要因素之一，对流换热分为自然对流和强迫对流两种，其中对流换热系数是影响对流换热的主要因素[81,82]。式（4.1）~式（4.3）为矿井自然对流换热的准则关联式：

$$Nu = C(Gr \cdot Pr)^m \tag{4.1}$$

$$Gr = \frac{g\beta\Delta t L^3}{\nu^2} = \frac{g\beta\Delta t L^3 \rho^2}{\mu^2} \tag{4.2}$$

$$Pr = \frac{\nu}{\alpha} = \frac{\nu\rho c_p}{\lambda} = \frac{\mu c_p}{\lambda} \tag{4.3}$$

式中，Nu 为努塞特数；Gr 为格拉晓夫数；Pr 为普朗特数；C 为常数，一般取 0.07；m 为常数，取值与流体状态有关，层流状态一般取 $m = 0.25$，紊流状态一般取 $m = 0.33$；g 为重力加速度，m/s^2；β 为体积变化系数；Δt 为温差，℃；L 为特征尺度，m；ν 为空气运动黏度，m^2/s；ρ 为空气密度，kg/m^3；μ 为空气动力黏度，$Pa \cdot s$；α 为热扩散系数，m^2/s；c_p 为定压比热，$J/(kg \cdot K)$；λ 为导热系数，$W/(m \cdot ℃)$。

定性温度一般受高海拔地区的影响小，标准大气压与高海拔环境中定性温度的比值约为1。由此，可得出标准大气压与高海拔环境下对流换热系数的比值：

$$\frac{h_{c0}}{h_{cp}} = \frac{Nu_0}{Nu_p} = \left[\frac{Gr_0}{Gr_p}\right]^m = \left[\frac{\dfrac{g\beta\Delta t L^3}{\nu_0^2}}{\dfrac{g\beta\Delta t L^3}{\nu_p^2}}\right]^m = \left[\frac{\nu_p}{\nu_0}\right]^{2m} = \left[\frac{\rho_0}{\rho_p}\right]^{2m} = \left[\frac{p_0}{p_p}\right]^{2m} \tag{4.4}$$

式中，h_c 为对流换热系数，$W/(m^2 \cdot ℃)$；p 为大气压，Pa；除特殊说明外，物理量下标为 0 表示标准大气压下的量，物理量下标为 p 表示高海拔环境下的量。

高海拔矿井皆采用机械通风，巷道内人体处于强迫对流的空气中，需要修正矿井强迫对流换热参数。式（4.5）为强迫对流换热对应的准则方程式。

$$Nu = CRe^m Pr^n \tag{4.5}$$

式中，Re 为雷诺数；n 为常数，取值与 m 有关，自然对流情况下 $n = 2m$，强迫对流情况下，$n = m$。

由自然对流换热分析可知：气体的普朗特数 Pr 与气压无关，所以上述强迫对流换热准则方程式可进一步变换。

$$\frac{h_c L}{\lambda} = C \left[\frac{\mu L}{\nu} \right]^m \tag{4.6}$$

$$h_c = C \left[\frac{\mu L}{\nu} \right]^m \frac{\lambda}{L} = C \lambda \mu^m L^{m-1} \nu^{-m} \tag{4.7}$$

因此，高海拔环境下发生强迫对流时，标准大气压与高海拔环境下的对流换热系数的比值可表示为式（4.8）。由式（4.8）可得，高海拔环境下的对流换热系数比标准大气压下的对流换热系数小，对流换热系数与气压的关系见式（4.9）：

$$\frac{h_{c0}}{h_{cp}} = \frac{C \lambda \mu^m L^{m-1} \nu_0^{-m}}{C \lambda \mu^m L^{m-1} \nu_p^{-m}} = \left[\frac{\nu_p}{\nu_0} \right]^m = \left[\frac{\rho_0}{\rho_p} \right]^m = \left[\frac{p_0}{p_p} \right]^m \tag{4.8}$$

$$h_{cp} = h_{c0} \left[\frac{p_p}{p_0} \right]^n \tag{4.9}$$

高海拔低气压环境引起矿井内空气密度和大气压力降低，因此需要校正大气压。式（4.10）为高海拔低气压与标准大气压的关系式。由此可推导出高海拔环境下人体对流换热系数 h_{cp} 与标准大气环境下人体对流换热系数 h_{c0} 的关系：

$$p_p = p_0 (1 - 2.257H \times 10^5)^{5.526} \tag{4.10}$$

$$h_{cp} = h_{c0} (1 - 2.257H \times 10^5)^{5.526n} \tag{4.11}$$

（2）人体蒸发换热。高海拔矿井与标准大气压下矿井人体的蒸发换热系数不同，因此需要修正高海拔矿井的人体蒸发换热系数。不同海拔高度下的人体表面水分蒸发换热系数与标准大气环境下人体表面水分蒸发换热系数的关系为：

$$h_{ep} = h_{e0} \left(\frac{p_p}{p_0} \right)^{n-1} \tag{4.12}$$

式中，h_{e0} 为人体表面水分蒸发换热系数，$\text{W}/(\text{m}^2 \cdot \text{Pa})$。

将式（4.10）与式（4.12）合并可以得到修正后的人体蒸发换热系数：

$$h_{ep} = h_{e0} (1 - 2.257H \times 10^{-5})^{5.526(n-1)} \tag{4.13}$$

（3）人体新陈代谢。人体在进行某些活动时会产生热量，人体的能量代谢率直接影响人体与周围环境之间进行热交换。而人体的能量代谢率受很多因素的影响，取决于人的活动状况、年龄、性别、环境温度等诸多因素。井下作业人员在高劳动强度和高代谢率的地下作业中工作，因此代谢率是影响井下作业人员热舒适度的重要指标。式（4.14）、式（4.15）是计算井下作业人员代谢的公式：

$$M = 352.2(0.233R_Q + 0.77V_{O_2}/F_{Du}) \tag{4.14}$$

$$F_{Du} = 0.6a + 0.0128b - 0.1529 \tag{4.15}$$

式中，M 为人体新陈代谢量，W/m^2；R_Q 为呼吸系数，一般取 $0.83 \sim 1.0$；V_{O_2} 为耗氧量，L/min；F_{Du} 为人体全部表面积，m^2；a 为井下作业人员身高，m；b 为井下作业人员体重，kg。

将式（4.11）和式（4.14）代入人体热平衡方程，得出适用于高海拔矿井低气压环境的人体热平衡方程：

$$S = M - W - fh_{cp}(t_a - t_b) - \varepsilon f\omega\sigma(t_a^4 - t_c^4) - 3.05 \times 10^{-3}(p_a - p_b)\frac{h_{ep}}{h_{e0}} -$$

$$0.42(M - W - 58.15)\frac{h_{ep}}{h_{e0}} - 0.0014M(311 - t_a)\frac{h_{cp}}{h_{c0}} -$$

$$1.73 \times 10^{-5}(5867 - p_b)\frac{h_{ep}}{h_{e0}} \tag{4.16}$$

式中，S 为人体蓄热率，W/m^2；W 为人体所做的机械功，W/m^2；f 为人体的表面积系数；t_a 为服装平均温度，℃；t_b 为人体周围空气温度，℃；t_c 为环境的平均辐射温度，℃；ω 为平均辐射率；ε 为有效辐射面积系数；σ 为辐射常数，一般取 $\sigma = 5.7 \times 10^{-8} W/(m^2 \cdot K^4)$；$p_a$ 为皮肤表面饱和水蒸气分压力，Pa；p_b 为周围空气中水蒸气的分压力，Pa。

对高海拔矿井动态送风补偿评价指标进行修正，修正后的高海拔矿井动态送风补偿评价指标 PMV 如下：

$$PMV = S(0.303e^{-0.036M} + 0.028) \tag{4.17}$$

以上修正的高海拔矿井动态送风补偿评价指标 PMV 可以表示大多数人对热环境的平均投票值，其有 7 级感觉，即冷（−3）、凉（−2）、稍凉（−1）、中性（0）、稍暖（1）、暖（2）、热（3）。PMV = 0 时意味着高海拔矿井井下通风环境为最佳热舒适状态。ISO 7730 标准对 PMV 的推荐值为 $-0.5 \sim +0.5$。但对于高海拔矿井的实际状况，一般计算时以预测不满意百分数（Predicted Percentage Dissatisfied，PPD）≤20% 为设计依据，此时对应的 PMV 值在 $-0.75 \sim +0.75$。

4.1.2 参数修正模型的验证

由于压力的变化，高海拔矿井动态送风补偿评价指标参数也相应发生变化，为了检验修正的高海拔矿井动态送风补偿评价指标的修正模型在高海拔矿井下的适用性，通过模拟高原低气压环境，以实测影响热舒适度指标数据和问卷调查的方式，考察随压力降低时实测的动态送风补偿评价指标的变化情况。

（1）试验设计。在低气压模拟舱内进行试验，通过控制台变换气压来模拟高海拔低气压环境，计算机监控系统和远程控制测量系统可以自动监控全过程，实现远距离控制和自动计数，操作简单方便。在低气压舱内控制环境温度时，应沿长度方向对称分别设置 2 组辅助电加热器，低压舱外还需设置空调器保证舱内的温度在±1.0℃的范围内；通过风机调节风速来模拟井下强迫对流空气；测量环境平均辐射温度是通过低压舱各个壁面及地板布置的热电偶来测量。

考虑到高海拔矿井作业人员大多数为男性，试验的受试者选定 12 名男性，共 198 人次试验。受试者着统一服装，服装热阻为 0.1147m² · K/W，新陈代谢量为 116.4W/m²，试验前睡眠良好，饮食正常。试验前对受试者培训，明确试验主要控制变量及试验中应该注意的问题。受试者进入低压舱前静坐 30min 以减少外界环境对受试者热感觉的影响，使受试者的体温变化尽快达到稳定状态。

（2）试验方案。试验要求受试者将低压舱内的箱子搬到指定位置，模拟矿井作业人员的工作强度状态，并放一些嘈杂的音乐以模拟矿井巷道中的声音环境，受试者在试验过程中不得谈论搬运过程中对热环境的评价。试验过程 3h，考虑到气压改变和嘈杂的环境与体力劳动强度大，每一工况持续 1h，通过测试问卷收集受试者对环境的热舒适评价信息，受试者每隔 15min 填写一次测试问卷，每个工况填写 4 次问卷，直到填写完 12 次问卷后一次试验结束，其他试验设备需取稳定状态时的数据。根据不同的工况将试验测得的影响热舒适度的数据代入修正的模型中计算 PMV 值。热舒适问卷采用 ASHRAE 7 点标度，即 -3（冷）、-2（凉）、-1（稍凉）、0（适中）、1（稍暖）、2（暖）、3（热）等7 级。

（3）验证结果。为了分析 PMV 值随气压变化的趋势，设计 3 种温度工况，分别为18℃、20℃和22℃，在每种工况下检验 4 个不同风速下 PMV 随气压的变化情况，PMV 值随大气压力变化的趋势如图 4.1 所示。

由不同温度下 PMV 随气压的变化可得：同一气压与风速下，温度越高，PMV 值越大；同一气压与温度下，风速越高，PMV 值越小，这与标准大气压下人体热舒适度随环境变化的研究结论一致，说明修正的热舒适模型适用于高海拔低气压环境；同一温度和风速下，随着气压的改变 PMV 值变化的斜率小，说明 PMV 值的主要影响因素是因低气压导致的人体对流换热、蒸发换热以及新陈代谢量的变化。基于上述分析可知：高海拔低气压环境对人体热舒适性的主要影响来自低压引起的温度及风速的改变。

4.1.3 补偿系统模型的建立

井下热舒适模型是根据仿自然动态通风调控建立。对此，SALLY 等[83]开发了自然通风的适应性热舒适模型，即以外部环境的气象特点为依据建立内部空间舒适区。参照文献［84］，根据自然通风的适应性热舒适模型建立高海拔地区井上与井下的热舒适模型，该模型根据井下中性温度和井上平均温度得到线性回归公式（4.18）。人体中性温度与高海拔矿井平均温度的关系则为式（4.19）。

$$t_\theta = 17.8 + 0.31t_{\bar{x}} \tag{4.18}$$

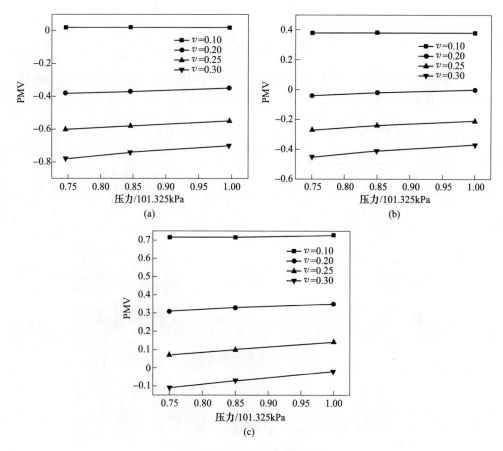

图 4.1 PMV 随压力变化趋势

（a）18℃时，PMV 随压力的变化；（b）20℃时，PMV 随压力的变化；（c）22℃时，PMV 随压力的变化

$$t_\theta = 19.7 + 0.30 t_{\bar{x}} \qquad (4.19)$$

式中，t_θ 为井下中性温度，℃；$t_{\bar{x}}$ 为井上平均温度，℃。

此外，按照高海拔矿井井上的温度区间，采用了 ASHRAE 55—1999 中 80% 用户可接受的热舒适评价模型，划分高海拔矿井井下的温度数据。

根据人体热舒适方程可知，气流速度是影响人体热舒适度的一大指标[85]。考虑湿度与气流速度对人体热舒适的影响，可将湿度与气流速度对人体热舒适的影响量化，即每增加 10% 的湿度，井下温度相对升高 0.4℃；每增加 0.15m/s 的风速，井下温度相对降低 0.55℃，由此计算高海拔矿井井下温度。

$$t_\theta = 19.7 + 0.30 t_d + 4(\varphi_d - 70\%) - \frac{0.55 v_d}{0.15} \qquad (4.20)$$

式中，t_d 为高海拔矿井井下温度，℃；φ_d 为井下相对湿度，%，（当 t_d 大于 28℃ 且 φ_d 小于 70% 时考虑此项）；v_d 为井下风速，m/s。当 t_d 高于 28℃ 时，φ_d 对人体热舒

适度的影响就会很小，简化为：

$$t_\theta = 19.7 + 0.30t_d - \frac{0.55v_d}{0.15} \qquad (4.21)$$

根据以上推导过程，通过控制温度和风速可以间接改变 PMV 的值。采用 MZG 金矿 10 月份的气象数据，控制温度和风速间接改变 PMV。计算流程如图 4.2 所示。

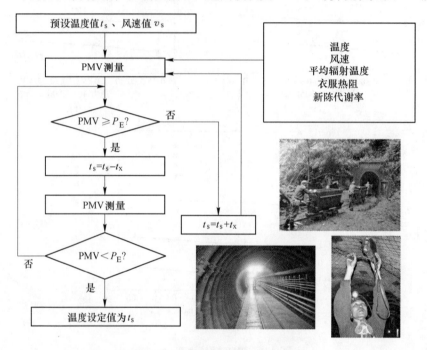

图 4.2　温度和风速值计算流程

图 4.2 中，P_E 为 PMV 的期望值；t_x 为调整后的温度增量。PMV 测量即通过构造数学模型将可测量的内部环境温度 t_d、湿度 φ_d、风速 v_d、平均辐射温度 t_c 以及设定的衣服热阻和新陈代谢率，估算出不可直接测量的 PMV 值。

根据井上气象信息设定井下影响 PMV 的各项参数的基本步骤为：预设一个温度值，比较测量得出的 PMV 值和 PMV 期望值 P_E 的大小，若 PMV 值偏大，需要减小设定的温度值；若 PMV 偏小，则需要增加设定的温度值。将温度设定值修改完成后，再进入循环系统继续比较其他影响热舒适的指标，直到各个参数指标满足要求为止。

4.2　高海拔矿井末端巷道动态送风补偿数值模拟

4.2.1　末端巷道模型建立

利用 FLUENT 软件建立高海拔矿井动态送风补偿工况模型，根据高海拔矿井井下的实际情况，以矿井独头巷道为例对井下巷道进行数值模拟。设计的独头掘进巷道的三维物理模型如图4.3所示，巷道长为25m，高为3m，风筒位于巷道中线顶部以下0.3m处，风筒长为10m，半径为0.15m。图4.3（a）为独头掘进巷道的进口横截面，图4.3（b）为三维巷道的内部构造，图4.3（c）为模型的网格划分。为方便计算，截取了从风筒出口至掘进巷道末端的中段平面的二维模型，对独头掘进巷道进行温度场和风速场的数值仿真，风筒进入巷道的风量为10m/s。

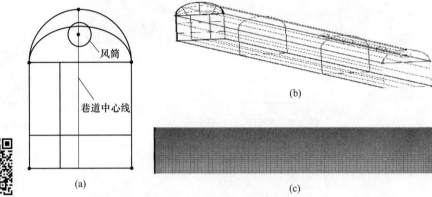

扫码看彩图

图4.3 独头掘进巷道三维模型

（a）入口横截面；（b）三维模型内部构造图；（c）网格划分图

以下为工况模型所需参数设置：

（1）模型的进口，也即风筒出口设置温度 $T = 22.8℃$，进口风速 $v = 10m/s$，数值模型中的进口边界即压入式局扇出风口，边界类型设置为 velocity inlet；

（2）模型的出口（巷道出口）施加压力 $p = 0$，边界条件设置为 out flow 类型；

（3）风筒壁面边界、巷道壁面边界以及巷道工作面的温度分别为 26.8℃、31.8℃、34.8℃；

（4）设置壁面无滑移边界条件，壁面风速各分量为0m/s，采用标准壁面函数法。

4.2.2 末端巷道动态送风补偿模拟结果

（1）速度场模拟结果分析。图4.4是矿井巷道风流速度的矢量分布图，图中可以看出独头掘进巷道的风流结构，主要分为射流区，回流区及涡流区[86]。风流进入巷道后，开始按照自由射流的规律沿巷道流动，之后由于壁面反射，出现了与射流方向相反的流动，形成涡流（图中间部分所示），另一部分沿巷道排出。

为研究巷道空间不同高度的风速分布，沿巷道阶梯方向选取了三个不同位置，高度分别为 1m、1.5m 和 2m。建立如图 4.5 所示的巷道三个阶梯方向的速度分布曲线，由图可知，风筒中的风流在进入巷道后，风速先开始迅速上升，随后在巷道中间位置时风速开始下降，形成这一现象的原因是由于涡流的作用，涡流区流速较小，所以在 $y = 1.5m$ 处风速最小。

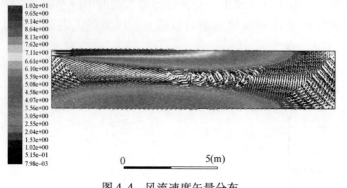

图 4.4　风流速度矢量分布

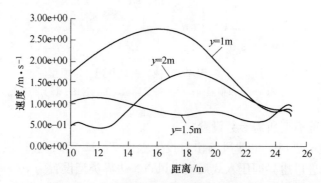

图 4.5　阶梯平面位置风流的速度分布

（2）温度场模拟结果分析。图 4.6 所示为风流在巷道中的温度分布，为了研

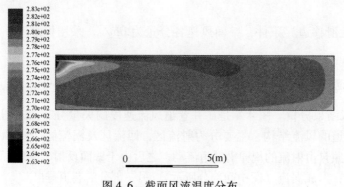

图 4.6　截面风流温度分布

究巷道不同位置的温度分布，同样选取了巷道阶梯方向 3 个不同的位置，分别为 1m、1.5m 和 2m，由图可知巷道内温度分布较均匀。图 4.7 所示为风流沿巷道阶梯高度平面位置的温度分布曲线，温度在巷道各个位置的变化整体较小，但在巷道的涡流区域温度出现极值，此位置风速较小，所以换气效率低，温度较高。

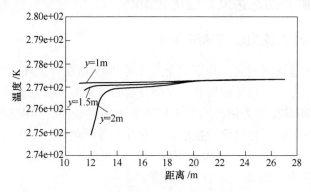

图 4.7　阶梯平面位置风流的温度分布

由以上对环境的热舒适度分析可知，影响人体热舒适度最大的因素是温度和风速，其他因素对热舒适度的影响较小。以某一实测工况为例，沿其巷道阶梯高度平面选取部分不同位置，根据数值模拟温度场与风速场，利用 PMV 计算器计算 PMV 值，并绘制巷道阶梯方向 3 个不同位置的分布图，如图 4.8 所示。

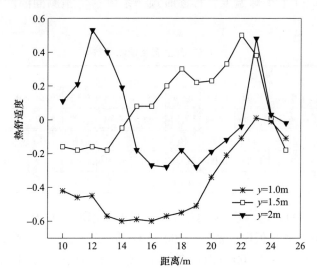

图 4.8　阶梯高度平面位置的 PMV 分布

由图 4.8 可知，PMV 值范围大致为 $-0.6 \sim 0.6$，数值基本符合人体热舒适度标准值。在巷道长度方向 $12 \sim 19\text{m}$ 处热舒适评价结果为稍凉，其中 $x = 16\text{m}$ 处数值最低，根据数值模拟结果，这个区间内温度分布较均匀，速度分布矢量图显示风速较高，所以 PMV 数值偏低。因此，动态送风补偿策略的反馈参数主要取 $x=16m$，$y=1m$ 处的数值进行测量。

4.3 高海拔矿井动态送风补偿优化策略

4.3.1 井上逐时热舒适优化指标的确定

高海拔地区昼夜温差大，井下作业人员的 PMV 值受井上环境变化影响较大，动态通风补偿的主要思路是根据井上典型日实测气象参数信息变化控制矿井末端掘进巷道。以 MZG 金矿为例，研究该矿井井上气候条件，并根据预测的逐时温度变化和金矿井上的其他气象参数信息建立井上逐时热舒适变化曲线。如果根据气象部门预报的最高最低温度和 ASHRAE 建议的系数预测逐时环境温度，按照式（4.22）预测次日的逐时井上干球温度。

$$t_\tau = t_h - \gamma(t_h - t_l) \tag{4.22}$$

式中，τ 为时刻；t_τ 为 τ 时刻井上温度预测值，℃；γ 为 τ 时刻井上温度预测系数；t_h 为气象部门预报的历史参数集的最高温度，℃；t_l 为气象部门预报的历史参数集中的最低温度，℃。

试验日的最高井上温度为 5℃，最低井上温度为 -8℃，采用 ASHRAE 系数法预测的该日逐时井上干球温度，日逐时预测系数 γ 与预测的温度结果如表 4.1 所示。

表 4.1 井上温度预测参数

时刻	0	1	2	3	4	5	6	7	8	9	10	11
γ	0.82	0.87	0.92	0.96	0.99	1	0.98	0.93	0.84	0.71	0.56	0.39
温度/℃	-5.66	-6.31	-6.96	-7.48	-7.87	-8	7.74	7.09	5.92	4.23	2.28	0.07
时刻	12	13	14	15	16	17	18	19	20	21	22	23
γ	0.23	0.11	0.03	0.00	0.03	0.10	0.21	0.34	0.47	0.58	0.68	0.76
温度/℃	2.01	3.57	4.61	5	4.61	3.7	2.27	0.58	-1.11	-2.54	-3.84	-4.88

根据预测结果可知，该金矿典型工况日的井上温度：0：00~5：00 气温呈下降趋势，5：00 达到最低温度值；5：00~15：00 气温呈上升趋势，15：00 达到最高温度值；15：00~0：00 气温逐渐下降。最高和最低气温分别为 5℃和-8℃。

4.3.2 井下逐时热舒适优化指标的确定

PMV$_s$ 指的是热舒适指标设定值，通常 PMV$_s \in$ [-0.75，0.75]，可满足动态过程的等效 PMV 指标值处于用户可接受范围[87]。

　　基于金矿井上温度和风速等影响人体热舒适的指标，建立井上逐时 PMV 预测曲线，如图 4.9 所示。根据曲线图可以得出，PMV 值从 0：00～5：00 呈下降趋势，5：00 后热舒适度值开始上升，直到 15：00 舒适度值最高。评价热舒适度，12：00～19：00 热舒适度值相对较高，评价为稍凉；7：00～12：00 与 19：00～3：00 热舒适评价为凉；3：00～7：00 热舒适度评价为冷。

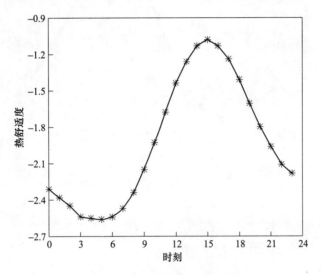

图 4.9　井上逐时热舒适度预测曲线

　　从井上逐时热舒适度预测曲线看出，人体热舒适指标值根据一天当中的气温在变化。高海拔地区气压低、温度低，井上舒适度达不到标准值。高海拔矿井井下温度和风速一般保持不变，作业人员的舒适感较差。根据井上逐时热舒适预测曲线，设计适用于井下逐时变化的舒适度，实时反映井下作业人员的热舒适感变化情况。

　　计算所采用的衣服热阻值为 1，为冬季室内人体衣服热阻标准值，为了生成符合人体热舒适值标准的井下逐时热舒适曲线，需优化井上逐时热舒适值，适当提高衣服热阻值来使舒适度更接近人体标准值。如图 4.10 所示，井下逐时热舒适修正曲线是根据井上逐时热舒适预测曲线修改参数后绘制，修改后的井下逐时热舒适修正值满足人体热舒适标准。0：00～12：00 和 18：00～0：00 热舒适评价为热中性，12：00～18：00 评价皆为稍暖。图 4.11 所示为井上与井下热舒适的对比曲线，经优化后的热舒适度变化明显。

4.3.3　动态送风补偿策略

　　设计高海拔矿井动态送风补偿策略如下：首先根据井上逐时热舒适曲线绘制井下热舒适调控曲线，高海拔地区井下气候条件恶劣，设定井下热舒适度调节区

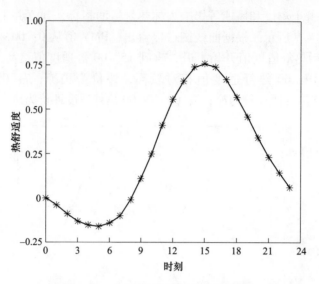

图 4.10　井下热舒适度动态调控曲线

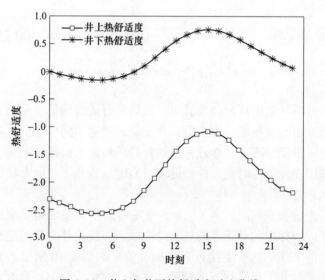

图 4.11　井上与井下热舒适度对比曲线

域为［-0.75，+0.75］；根据 MZG 金矿实际情况，设定井下初始温度和风速；构建优化目标函数，在满足井下温度范围、风速范围、PMV 变化量等约束的前提下，使得井下 PMV 值尽可能接近井下作业人员最满意的等效 PMV 值，进而寻优得到温度、湿度、风速等参数的设定值；设置 1h 为一个周期调节井下舒适度，使舒适度在 1 天当中处于波动状态，而在每个周期内处于相对稳态，建立仿自然的动态热舒适环境，为井下矿井作业人员创建舒适的作业环境。高海拔地区矿井动态送风补偿策略流程如图 4.12 所示。

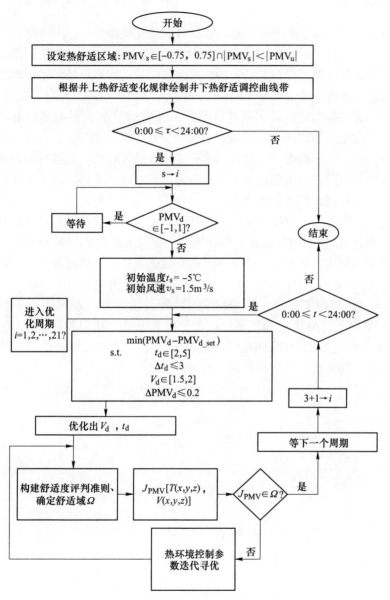

图 4.12 高海拔地区矿井动态送风补偿策略流程

PMV_s—热舒适指标设定值；PMV_u—井上热舒适指标；PMV_d—井下热舒适指标；

PMV_{d_set}—井下热舒适指标设定值；t_s—初始温度设定值；V_s—初始风速；

Δt_d—井下温度变化量；ΔPMV_d—PMV 变化量；Ω—舒适域的集合；

J_{PMV}—稳态温度场-风速场的泛函；$T(x,y,z)$—空间点（x, y, z）

的温度值；$V(x,y,z)$—空间点（x,y,z）的风速值

4.4　本章小结

本章建立了高海拔矿井动态送风补偿系统优化模型。

首先，对高海拔矿井影响动态送风补偿的 PMV 参数进行修正，建立相应的修正模型并对修正模型进行验证，构建高海拔矿井动态送风补偿系统模型，为动态送风补偿系统指标确立奠定了基础。

其次，建立高海拔矿井末端巷道模型，通过 CFD 数值模拟试验对井下巷道三个阶梯高度平面温度场与风速场进行模拟分析，结果表明：$x=1\text{m}$，$y=16\text{m}$ 处人体热舒适度较低，原因在于此处风速较高导致温度较低，在进行动态通风调控时，基于该巷道段取值可保证井下大多数施工作业点处于热舒适度最佳状态，为设计优化方法控制提供了位置参考。

最后，确定了高海拔矿井动态送风补偿的评价指标以及预测计算公式；根据预测平均热感觉指标 PMV 值的大小评价井上作业人员动态送风补偿效果，并拟合生成井下热舒适变化曲线，用来评价高海拔矿井井下通风环境状态。研究结果表明：井上环境 12：00 ~ 19：00 时间段内舒适度为稍凉，7：00 ~ 12：00 与 19：00~3：00 舒适度为凉，3：00~7：00 舒适度为冷，经试验验证修正后的 PMV 模型适用于高海拔低气压环境，优化后井下 0：00~12：00 及 18：00~0：00 舒适度为中性，12：00~18：00 舒适度为稍暖；动态送风补偿系统优化后的井下热舒适指标更接近人体热舒适感的最优值。

5 基于空气幕调节的高海拔
矿井局部增压技术

我国西部矿产资源丰富，但是恶劣的高海拔环境给矿产资源的开发带来了极大的挑战。西部高海拔地区最大的困难就是低压缺氧，而利用矿用空气幕代替传统风流调控设施进行高海拔通风调控，不仅可以起到较好的调控效果，而且使用及操作也较为方便，把矿用空气幕布置于巷道两侧硐室内，对井下的人员车辆通行没有较大影响。因此，基于空气幕对高海拔矿井存在的低压问题进行调控具有较高的现实意义。

高海拔地区与平原地区相比其各项参数上有很大不同，在高海拔环境的研究方面，国外学者主要对海拔因素对人的生理健康、适应性理论以及高原增压增氧技术进行了研究。在高原对人生理影响方面，1969 年国外学者 Singh 等提出，先在中等海拔地区停留一周后再进入海拔 5000m 左右将会更加适应。Purkayastha S S 等人通过借助于飞机和车辆两种不同方式进入高海拔地区后的生理反应进行分析发现乘车进入高海拔地区后身心平稳所需时间较短。这种阶梯习服的方式在登山运动员的训练中已有所应用，并得到一定的认可[88]。同时 Purkayastha S S 等人[89]在相关报道中也提出采取适应性锻炼的习服机制可以有效提高心肺能力，提升氧气的摄取功能。高原最大的特点就是缺氧，Miller[90]研究了预缺氧对于人体耐受能力的影响，研究表明各脏器和组织在预缺氧情况下能得到较好的保护。罗巴赫[91]等法国学者在预缺氧理论的基础上，借助减压舱将多名受试者减压到珠穆朗玛峰高度。Roncin 等人通过对多名登山运动员的观察，提出银杏提取物EGb761 对高原病的预防有一定作用，同时碳水化合物可以提高运动员血管内的血氧含量[92]。McElroy 等人提出在高原地区安装富氧室是一种提高人员工作能力的一种经济便捷的手段[93,94]。在高原环境改善技术方面主要有氧疗技术和增压技术。氧疗技术主要是通过气态供氧、液态供氧、富氧室等来缓解缺氧状态。增压技术主要是通过提高局部空气压力起到增加氧分压进达到吸氧量的目的。国外主要采用便携设备进行增压，2008 年，德国的 Koch 等人将正压呼吸头盔应用于高海拔环境的受试者，发现人员的血氧浓度有明显提高[95]。

我国部分矿井处于高原地区，部分学者对于高海拔矿井的通风有一定的研究。首先高海拔地区矿井通风系统受到影响的因素众多且较为复杂[96]。王孝东在高海拔矿井通风方面做了一定的理论研究，通过正交实验对构建的局部增压模型进行研究，得到各通风参数间的相互关系，并验证了其增压调控的效果[97]。吴峻民针对高原地区存在的低压缺氧问题，提出采用压入式通风方式并辅以人工增压进行井下优化，结果显示可以有效改善井下低压缺氧的问题[6]。崔延红等为解决高海拔矿井缺氧的状态，对矿井的补氧方式进行了分析，主要分析了人员适时吸氧、局部弥散式补氧这两种补氧方式，通过计算比较得出人员适时吸氧为井下最佳补氧方式[20]。李国清等针对高海拔矿井存在的低压低氧问题，对各种通风方式进行了分析，说明了其优劣，并提出将压抽结合的通风方式作为高海拔矿井首选通风方式[24]。张亚明等结合具体高海拔矿井实例进行研究分析，并对高原通风参数进行了相关校核分析，借助通风仿真软件对设计的通风方案进行解算，优选出最佳通风方案[98]。钟华等对不同海拔高度的大气压和氧分压进行了计算，并在此基础上得出井下巷道氧气所需占比，为得到合理的供氧量提供依据[99]。王洪梁针对高海拔矿井面临的通风问题，从通风方式的选择、增压手段的选取以及巷道通风阻力的调整等方面入手，对井下环境进行改善，提高生产效率[19]。

对国内外关于高原环境以及井下通风分析可知，解决高原缺氧状况目前主要采取制氧增氧措施，但由于高海拔地区位置较为特殊，采取井下制氧的方式将耗费巨大人力和财力，经济效益不高，所以必须采取井下增压措施间接提高矿井含氧量，但是对高海拔地区环境进行整体增压不现实，可以考虑进行局部增压研究，基于此，提出了基于空气幕调节的局部工作面增压模型，用以解决局部缺氧、风量不足的问题。

5.1 空气幕联合局部增压仿真平台

FLUENT 是专用的流体仿真软件包，使用领域相当广泛，在流体动力学、热传导以及化学扩散领域较多使用，在国际上有一定的知名度。该软件内置丰富的数值计算算法，其前处理和后处理功能强大，是在航天、汽车研发、石油输送以及轮翼设计等领域广泛应用的原因。

FLUENT 软件是在传统 CFD 模拟软件的基础上发展而来，能够较好的满足使用者的需求，同时为满足一定的计算速度稳定性以及计算精度并能够进行复杂的流动计算。FLUENT 分别对较复杂的流动模型以及物理现象进行归纳分析，并采用不同的离散集和数值方法进行分析计算，是有效解决各领域相关问题的有效工具。该软件能够较好地模拟各种流体的流动，直观展现其中规律，同时，对于相同物体、不同物体间的传热过程也能有较好的模拟。该仿真软件界面清晰明了，且容易操作上手，用户使用方便。

本章将采用 FLUENT19.0 结合具体矿井实例进行相关仿真研究，其界面如图5.1 所示，软件主要由前处理器、求解器和后处理器三部分构成。

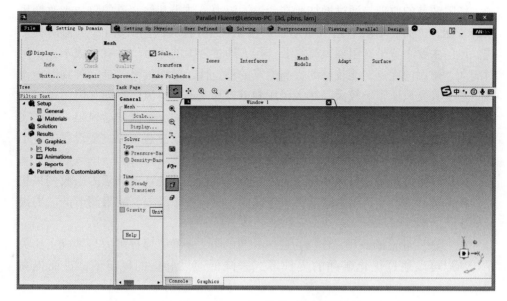

图 5.1　FLUENT 软件工作界面

（1）前处理器。模型求解的第一步就是要建立合适的几何模型，而前处理器就是来解决这一问题的。之前版本的 FLUENT 几何模型的建立主要是通过 GAMBIT 软件来完成的。后面的 FLUENT 软件被 ANSYS 软件整合后，建模与网格划分采用独立的软件进行操作，其中网格划分用 Meshing 或 ICEM CFD 进行操作，几何模型的建立通过自带其他软件进行构建。

（2）求解器。求解器作为 FLUENT 软件的核心程序对于模型的解算起到了至关重要的作用。构建好的几何模型经网格后导入软件中，然后就要对模型的边界条件进行设置，设置模型的各项属性后进行求解计算。

（3）后处理器。模型求解后关键的一步就是对模型进行分析，后处理器主要是为了便于分析解算结果而将模拟结果以云图矢量图的形式展现，软件所带的强大的后处理功能可以满足研究的需要，可以根据不同需要进行设置从而得到需要的图像以便于分析。

5.2　传统矿井风流调控技术分析

传统风流调控设施主要有风门、风窗等，他们对井下通风系统的正常运转发挥着重要的作用，但是传统的调控设施在某些情况下也有缺陷，比如在人员通行频繁的位置布置不方便等。传统风流调控技术主要有阻力调节和增能调节两类。

5.2.1　阻力调节

阻力调节按照增阻和减阻可细分为增阻调节和减阻调节。

增阻调节的原理是通过增加所在巷道的阻力，减小其他巷道的阻力来改变风量的分配，进而使增阻巷道风量增加。增阻调节调控设施有风门和风窗两种形式。风门主要布置于有阻隔风流需要，行人通过较少的地方，具有低成本，使用时间久、耐用的优点，能较好的提高通风的稳定性，效率较高，是一种临时性设施。但是其受风压影响较大，在大风压巷道容易变形。与风门不同，风窗是仅在固定墙体上方设置的一个可调窗口，通过改变窗口的大小来改变通风阻力进而实现风量调节。风窗在使用时为了增加不必要的能耗，应注意不要重复设置，且不能有碍矿工矿车的通过。

同理减阻调节是通过减小所在巷道的阻力，增加其他巷道的阻力来改变风量的分配，进而使该巷道阻力降低，风量减少，符合井下需要。减阻调节的主要措施如下：

（1）改变巷道的 α 值。α 值为通风井巷的阻力系数，摩擦阻力与其成正比关系，所以可以通过优化矿井的支护形式来降低通风巷道的风阻值，进而提高风量。

（2）增大巷道断面积降低风阻。巷道断面对通风阻力有较大影响，断面越大通风阻力越小，所以可以适当扩大巷道断截面来降低通风风阻。

（3）并联通风巷道。由矿井通风相关理论可知，在风阻较大巷道旁并联开拓一条巷道可以有效降低通风风阻。

（4）优化通风线路的长度。矿井通风系统是一个动态改变的系统，随着生产的进行，通风线路会越来越长，会增加通风阻力，为了避免能耗的浪费，应及时封闭废弃巷道，降低通风阻力。

5.2.2 增能调节

为克服井下通风巷道通风压力较大的情况，常采用辅扇和自然风压增能调节来增加井下通风动力，进而增加风量。

（1）辅扇增能调节。辅扇调节有两种形式，一种是带风墙的，另一种是无风墙的。带风墙的是将辅扇布置于巷道侧壁内，该方式对辅扇的动力有较高的要求，如果能力过大，有可能在局部形成循环风，影响通风效果。无风墙的是直接将辅扇布置于巷道内。

（2）利用自然风压进行调节。在井下安设辅扇投入较大，需要长期维护，且通风效果有限，所以矿井可通过改变通风路线，优化通风网络，增加用风点的自然风压增大井下风量。

5.3 矿用空气幕调控风流理论

传统的井下通风调控设施（风窗，风门，风桥等）大多布置在行人较少且运输不太频繁的位置，但对于主要的运输巷道和掘进工作面，如果使用这些通风调控设施以及构筑物控制来起到增阻、阻隔、引射风流的作用，将会对人员矿车通行造成不便，同时调控设施也容易损毁。而矿用空气幕主要布置于巷道两侧的壁室内，最大的优点就是占用较少的巷道空间，对行人和矿车的通行影响较小而且操作维护较为方便。矿用空气幕已在部分矿井进行使用，起到了较好的调控效果，其调控理论也有了很大的发展，从单机调控模型到多机串并联的调控模型等，且根据布置形态具有了多种功能，因此矿井空气幕不仅可以引射风流增加风量，还可以通过引射与井巷反向的风流起到增阻、阻隔风流的效果。对于高海拔矿井气温较低这一情况，设置空气幕进行反风还可以起到防止竖井结冰的效果。

5.3.1 矿用空气幕基本构成

矿用空气幕主要是风机通过供风器喷射出一定方向的气流来进行调节的，它由供风器、整流器和风机3部分组成。其作用与风门、辅扇和调节风窗类似，可起到阻隔、引射和增阻风流的效果。其原理如图5.2所示。

矿用空气幕作为新型的风流调控设施，具有多种功能，按照其射流压力 p 与巷道压差 Δh 的关系及应用条件可分为3类，其功能分类如表5.1所示。

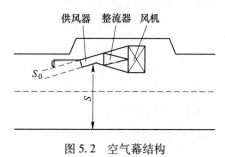

图5.2 空气幕结构

表5.1 矿用空气幕功能分类

空气幕射流压力与巷道压差关系对比	对应功能	等效调控设施
$p < \Delta h$	增阻风流	风窗
$p = \Delta h$	阻隔风流	风门
$p > \Delta h$	引射风流	辅扇

5.3.2 矿用空气幕取风方式

空气幕的取风方式主要有两种，循环型和非循环型。设置于同一巷道不在分叉口且出口风流被进口风流循环利用的称为循环型空气幕，如图5.3所示。非循环型空气幕按照布置位置又可分为两种：一种布置在同一巷道内，空气幕进口从上游取风，出口喷射气流顺风流方向排入该巷道，如图5.4所示；另一种布置在不同巷道的分岔路口，空气幕从上游巷道取风后，在另一条巷道喷射风幕，起到阻隔风流的作用，如图5.5所示。

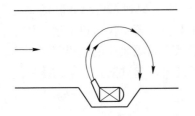

图5.3　循环型空气幕（下游取风）

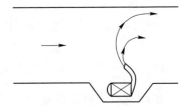

图5.4　非循环型空气幕（同一巷道）

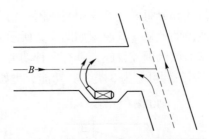

图5.5　非循环型空气幕（不同巷道）

5.4　矿用空气幕选型步骤及参数确定

矿用空气幕在井下应用，最关键的一步是如何选择匹配合适的空气幕类型。空气幕的各项性能不仅与其自身参数密切相关，包括出口断面尺寸、安装角度等，还与井下的通风网络有关，由于井下通风系统是一个动态的过程，所以，在选型时要考虑其与通风网络间的相互作用，只有这样，才能起到较好的调节作用。

对于高海拔矿井的空气幕选型方法主要采用理论与软件解算相结合的方式。第一步是对通井下现有通风系统进行测评测定，收集井下相应位置的风速值，断面积、大气压、湿度等数据，然后将收集的数据与井下通风设施布置情况导入通风系统优化模拟软件中进行解算。

依据前人对于不同调节功能空气幕的理论计算式，将计算得到的相关参数导入解算软件进行解算，然后对解算的结果进行分析以判断空气幕与现有通风网络是否匹配，如果匹配就可确定其选型，如果不匹配就要对空气幕相关参数进行校核，进行解算，选型的具体步骤如图5.6所示。

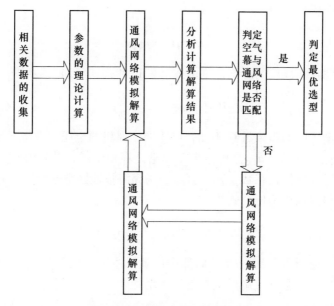

图 5.6　矿用空气幕选型步骤

5.5　井下人工增压方案设计

针对高海拔矿井存在的低压缺氧问题。若单一采用抽出式通风增大风量，风量虽然增加了，但会在井内形成负压，不仅无法起到增压的作用，还会加剧氧分压低这一问题；若单一采用压入式通风，通风机形成的正压可增加井下压力，但由于井下通风线路复杂，且需要根据井下风阻分配至各阻力段，到达工作面的风压往往小于 1000Pa。因此，对于增加高海拔矿山井下压力，压入式通风方式不必作为井下增压的主要手段。本研究提出压抽结合的局部人工增压方案，从增能、增阻两方面进行设计。

5.5.1　增能设计

为使掘进工作面局部达到正压状态，采取局部通风机压入式通风，将巷道内的风流视为连续风流，则可根据能量方程分析风机压力和阻力的关系。能量方程为：

$$(p_1 - p_2) + \left(\frac{v_1^2}{2}\rho_1 - \frac{v_2^2}{2}\rho_2\right) + (Z_1 g\rho_{m1} - Z_2 g\rho_{m2}) = h_{1,2} \tag{5.1}$$

式中，$p_1 - p_2$ 为扇风机静压，用 H_S 表示；$Z_1 g\rho_{m1} - Z_2 g\rho_{m2}$ 为势能差，用 H_n 表示；$h_{1,2}$ 为增压区阻力；ρ_1，ρ_2 为各断面上的平均密度；v_1，v_2 为断面上空气的平均流速；ρ_{m1}，ρ_{m2} 为位压项密度；Z_1，Z_2 为两断面间的相对高度。

扇风机全压公式为:

$$H_f = H_S + \frac{v_1^2}{2}\rho_1 \tag{5.2}$$

若不考虑自然风压的影响,则由式(5.1)和式(5.2)得:

$$H_f + H_n = h_{1,2} + \frac{v_2^2}{2}\rho_2 \tag{5.3}$$

设井下增压区的需风量 Q 不变,则主要扇风机的全压需满足通风阻力和回风处的动压损耗。考虑到 $h_{1,2}$ 是根据平衡理论计算得出的,结合海拔与大气压力的关系,需设置高原校正系数 ρ/ρ_0,其中 ρ 为高海拔地区空气密度,ρ_0 为标况下空气密度。可得出风机增压公式为:

$$H_f + H_n = \left(h_{1,2} + \frac{v_2^2}{2}\rho_2\right)\frac{\rho}{\rho_0} \tag{5.4}$$

通过以上分析可得到:(1)局部增压效果主要与扇风机性能有关;(2)仅通过扇风机增压,会导致扇风机功率极大增加。

5.5.2 增阻设计

扇风机增压会增大局部的风量,为达到较好的增压效果,考虑在增压面回风处通过增加阻力的方法减小风流,从而起到增压的效果,最常见的方法是减小回风巷道的断面积,其局部阻力可表示为:

$$h_{er} = \xi_1 h_{v1} = \xi_2 h_{v2} = \frac{1}{2}\xi_1 v_1^2\rho = \frac{1}{2}\xi_2 v_2^2\rho \tag{5.5}$$

式中,h_{er} 为巷道的正面阻力;v_1,v_2 为断面变化前后的平均风速,m/s;ρ 为空气密度,kg/m³;h_{v1},h_{v2} 为变化断面前后的速压值;ξ_1,ξ_2 为该断面前后的阻力系数。

若风量保持不变,断面前后的面积为 $S_大$、$S_小$,则平均风速可表示为:

$$\begin{cases} v_1 = Q/S_小 \\ v_2 = Q/S_大 \end{cases} \tag{5.6}$$

通风阻力的表达式为:

$$R_{er} = \frac{\xi_1\rho}{2S_小^2} = \frac{\xi_2\rho}{2S_大^2} \tag{5.7}$$

由式(5.5)~式(5.7)可得:

$$h_{er} = R_{er}Q^2 \tag{5.8}$$

式中,Q 为掘进工作面风量,m³/s;R_{er} 为增压区风阻,N·s²/m⁸;h_{er} 为增压区总阻力,Pa。

为提高掘进工作面氧分压并保证供风量满足要求,需设置调节风窗,调节风

窗的面积根据 $S_w/S_大$ 确定。

$$\begin{cases} S_w = \dfrac{S_大}{0.65 + 0.84S_大\sqrt{\Delta R_{er}}}, & S_w/S_大 \leqslant 0.5 \\[4mm] S_w = \dfrac{S_大}{1 + 0.759S_大\sqrt{\Delta R_{er}}}, & S_w/S_大 > 0.5 \end{cases} \tag{5.9}$$

式中，S_w 为风窗面积，m^2；ΔR_{er} 为增阻值，$N \cdot s^2/m^8$。

由式（5.5）~式（5.9）分析可知：（1）由于正面阻力增加，掘进工作面风量减小，仅通过增阻并不能达到预期的效果，需要扇风机与增阻共同作用；（2）通风等积孔是评判矿井通风难易程度所假设的薄板孔口，面积值与通风阻力成反比，采场增压时需考虑风阻。

5.6 多功能矿用空气幕联合局部增压模型构建

根据增能、增阻设计提出基于空气幕调节的人工增压模型，如图 5.7 所示。通过工作面之前的 A 多机并联引射型空气幕（等效于辅扇）引射风流和工作面之后的 B 多机并联增阻型空气幕（等效于调节风窗）来实现工作面的压力提高。为防止高低压环境间形成循环风，在 A 前方设置了两道风门。风流通过局部风机进入风门后的巷道内。工作面后的 B 即增阻型空气幕起到增阻的作用，使风量不变、空气压力增加。

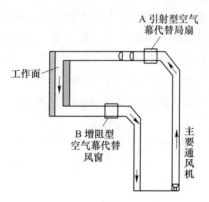

图 5.7 空气幕局部增压模型

图 5.8 所示为多机并联空气幕引射风流代替辅扇模型。在巷道两侧对称布置多台空气幕，图中的数字 1—1′ 和 2—2′ 为空气幕出入口所在断面，3—3′ 为巷道风流与空气幕风流交汇处断面，Ⅰ—Ⅰ′ 和 Ⅱ—Ⅱ′ 为模型边界断面，v_c 为空气幕出口平均风速，v_1 为空气幕出入口段巷道原始风速，v_2 为巷道断面变化前的平均风速，v 为经空气幕引射后的风速。风机喷射出的风流顺巷道原有风流方向且其有效压力大于巷道压差时，能够起到引射风流、增大风量的效果。由动量定理及

风流运动的全能量方程可知多机并联空气幕引射风量的公式可表示为

$$Q = \sqrt{\frac{naK_s\rho v_c^2 SS_c - 2S^2(p_{\mathrm{II}} - p_{\mathrm{I}})}{2S^2 R_{\mathrm{I-II}} + \rho}} \qquad (5.10)$$

式中，$p_{\mathrm{II}} - p_{\mathrm{I}}$ 为巷道入口、出口的静压，Pa；n 为风机数量，台；S 为空气幕所在巷道的断面积，m^2；S_c 为空气幕出口断面积；v_c 为空气幕出口平均风速，m/s；a 为风量比系数；$R_{\mathrm{I-II}}$ 为巷道沿程风阻；K_s 为试验系数，其值与巷道环境以及空气幕安装位置有关。

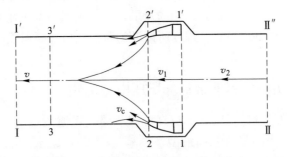

图 5.8   多机并联空气幕引射风流模型

图 5.9 所示为多机并联空气幕增阻风流模型。位于巷道两侧硐室内的空气幕逆风流方向射流，所喷射的气流压力小于巷道压差，并且喷射的两股气流不相交，巷道风流可以从两股循环风流中间穿过达到减小风量的效果（见图 5.9），其中 0 为Ⅰ—Ⅰ′巷道断面对应风速值，g 为Ⅱ—Ⅱ′巷道断面对应风速值，v_c 为空气幕出口平均风速，1~4 对应空气幕各个部位，5 为单侧空气幕风流达到的最远位置，Q_g 为过风风流，Q_c 为循环风流。根据风流的动量方程并结合单机增阻模型通过理论推导整理可得多机并联增阻空气幕的阻风率 η_z。

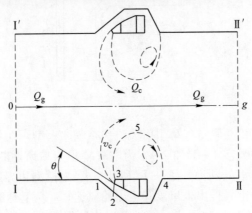

图 5.9   多机并联空气幕增阻风流模型

$$\eta_z = \frac{\sqrt{100natm^2 + n(n-1)m^2atb + bp^2 + 2bmnat} - p\sqrt{bz_{(n)}}}{\sqrt{100natm^2 + n(n-1)m^2atb + bp^2 + 2bmnat} + p\sqrt{bz_{(n)}}} \times 100\%$$

$$(5.11)$$

式中，m 为巷道过流与并联空气幕总循环风流比；t 为空气幕回流风阻与其并联巷道风阻的比值；b 为单机与多机空气幕风压比系数；p 为空气幕所在巷道风阻与其并联巷道风阻的比值；$z_{(n)} = 1 + n\cos\theta/2K$，$K$ 为 S 与 S_c 的比值。

5.7 本章小结

本章对传统矿井通风风流技术进行分析，提出了矿用空气幕调控风流的优点，对传统矿用空气幕理论进行了介绍，包括矿用空气幕的结构组成，矿用空气幕的取风方式，并介绍了井下矿用空气幕的选型步骤。同时为了解决高海拔矿井存在的低压缺氧问题，在井下人工增压方案设计（包括增阻设计和增能设计）的基础上，构建了基于空气幕调节的局部增压模型，该模型的建立为最后的实例分析奠定了基础。

6 高海拔矿井通风调控方案设计及优选

在进行多属性方案决策时，常借助主观赋权法或者采用客观赋权进行指标权重的确定，但是单一的评价方法不能全面反映评价对象的真实情况，矿井通风系统较为复杂，具有一定的不确定性。进行指标权重确定时，既要借助可靠的评价数据进行客观赋权，也需要借助行业专家结合矿井实际进行主观赋权。因此，本章构建了多个指标的高海拔井下通风评价体系克服评价的主观性，本研究在客观熵值法指标评价的基础上增加了专家的主观考虑使权重确定更符合实际，然后在此基础上通过 TOPSIS 分析对评价方案进行排序，优选出最佳方案。

国外许多学者对通风评价进行深入的研究，18 世纪 70 年代，学者 Murgue 提出矿井通风的难易度可以用等积孔这一概念来表示，并对其原理进行了分析，同时也研究了井下风量与风压的相关性[100]。20 世纪初，H. Czecozot 在通风系统稳定性方面做了深入研究，并提出了与稳定性相关的角联判别式[101]。20 世纪 80 年代末，苏联学者提出了井下通风系统通风可靠性的相关评价方法，该方法以分析通风网络的风阻和风量的变化为出发点进行研究[102]。

国内对于通风评价的研究也较为全面，对于评价体系的构建、评价指标的选取以及评级指标权重确定的研究相对较多。崔岗在对模糊集合原理分析的基础上，完善了井下通风安全可靠性的评价体系并提出了各指标评价的分级隶属函数，利用多属性决策中的多层次模糊综合评价方法对井下通风可靠性进行了分析[103]。史秀志等[104]将统计学相关原理与通风经济与安全相结合，选取多个评价指标构建了通风安全评价模型，弥补了现有通风可靠性评价的不足。王洪德等利用计算机技术进行通风可靠性的评价，通过 VC++6.0 开发了能够对矿井通风系统进行评价的软件。该软件的应用极大简化了评价过程[105]。王克等将模糊层次分析法与熵权法评价结合起来确定指标权重，以克服赋权的主观性，使赋权更加客观，同时方案的排序采用可拓优度法确定最优方案，使方案的优选更加合理[106]。为解决传统层次分析法存在的不足，杨华运等对传统层次分析法进行了优化改进，对具体的矿井实例进行了通风方案的比选，结果表明该评价方法准确性较高[107]。马中飞等将价值工程的相关概念引入通风系统评价的多属性决策模型，并用该模型对某矿井进行了通风改造方案的拟定和优选[108]。李亚俊为解决通风评价的主观性，将突变理论引入井下通风系统评价，使定性问题定量化，评价更为客观[109]。

通过对国内外对通风评价研究现状的分析可知目前对于矿井通风系统的评价主要有模糊综合评判法、单指标法以及主关性较强的层次分析法等。这些评价方法在各行业有较多应用，但对于矿井通风这一复杂系统也存在一些不足，比如单指标法不能全面对通风系统进行评价，评价较为片面。模糊综合评判法最大的缺点就是主观性太强，各项指标主要通过专家打分取得，而层次分析法也不能全面反映矿井的各项指标，同时也具有主观性。由于矿井通风这一复杂系统进行权重确定时既要保证评价的客观性，也需要有经验的行业专家进行较为主观的评价。因此，本章构建了多个指标的高海拔通风评价体系，通过构建组合赋权——TOPSIS优选模型优选出最佳方案。

6.1　高海拔矿井通风方案拟定原则

高海拔地区作业，缺氧问题普遍存在。对于地下矿井开采，如果井下通风方式不当，通风线路不畅，井下空气中的氧气含量将会进一步降低。所以有必要对高海拔矿井通风方案的拟定原则和方法进行介绍。

（1）通风方法的确定。提高井下含氧量可采取人工补氧和加压提高氧分压来提高含氧量，但人工补氧成本比较高，可以选择合适的通风方式来增压，对于高海拔矿井应优先将压入式作为主要的通风方式，借助通风机所增加的压力作为补偿压力。

（2）扇风机的合理选择。高海拔地区风机风压和设备功率会随海拔的变化而变化，但矿井需风量和扇风机的供风量却是一定的，所以，在进行井下通风设计时，可先用标况下正常的风机和电机选型的方法，之后再用通风机的风压和功率乘以对应校正系数进行修正得到高海拔矿井需要的合理设备。

（3）通风参数校核计算。由于高海拔地区井下有害气体体积会随海拔发生改变，所以对于高海拔矿井井下需风量的计算应乘以一定的膨胀系数；同样对于通风阻力的计算要用平原地区与高海拔地区不同海拔所对应的空气密度比作为校正系数进行校核。

（4）高海拔矿井局部通风选择。对于掘进工作面等通风较困难的部位，应尽可能减少局部通风阻力并防止局部漏风，可采用新型局部风筒进行送风，也可采用串联送风的方式进行距离较长的独头巷道送风，进而提高井下通风效果。

（5）高海拔矿井通风系统的设计。首先，构建适用于高海拔地区的通风工程，满足井下基本风量需求。其次，由于高海拔矿井环境恶劣，缺氧问题显著，为避免井下耗氧量加剧，在井下设备选择时要选用耗氧量少、废气排放量低的设备并具有一定的增压增氧功能。最后，要适当降低矿工劳动强度，避免在恶劣环境下高负荷工作，保证矿工的身心健康，提高生产效率。

（6）井下污风治理。由于高原降效，高海拔矿井普遍存在有害气体难以排出的问题，所以要做好柴油设备等的尾气净化处理工作。因此采场回风道布局要合理，避免杂物的堆砌；要增强采场回风巷的排风动力，让采场换气时间尽量缩短，以有利于烟尘的顺利排出。

简而言之，在矿井通风设计中，要从技术可行性、经济合理性、安全性、可靠便捷4个原则去考虑。要确保该方案在技术上是可行的，采用的气流调控技术可以有效解决通风系统中存在的问题，保证通风的有效进行。同时要以低的投入成本和较少的工程量对通风网络优化，达到一定的经济效益。在管理上，要对矿井通风系统实行动态管理，以满足矿山的长远发展规划并适应井下的生产变化。所以要对通风方案进行合理的评价。

6.2　高海拔矿井通风优选指标的确定

6.2.1　通风优选指标体系建立

为确定出较好的通风方案对矿井进行调控，一个完善的通风评价体系的构建十分有必要，但是井下通风系统较为复杂，需要考虑众多因素，单一指标的评价往往不能反映出矿井的真实情况。本节将采用组合赋权——TOPSIS优选法构建通风方案优选模型。

矿井通风系统影响因素众多，进行通风评价需要综合考虑各因素的影响，但是作为具有一定模糊性、不确定性系统，对所有相关因素进行分析不太现实，所以结合高海拔矿井实际对井下通风影响最大的多个指标进行评价。与以往通风系统采用的单指标评价相比，既能较好的全面反映矿井通风状况，也避免了烦琐的评价过程。本节结合高海拔矿井实际，构建了井下通风三级评价体系，选取12个最具代表性的评价指标对通风方案进行评价，如图6.1所示。

6.2.2　指标选取合理性分析

矿井通风系统评价与其他工程经济方面的评价不同，更加注重井下通风管理的考评。所以在对矿井通风系统进行综合评价时就要考虑到通风系统的各个方面，以保证构建的评价体系能够较客观的反映高海拔矿井本身的真实状况。确定的通风评价指标应能反映井下的各项内容，包括通风动力、通风费用以及通风管理等各个方面。

通过对前人对通风评价体系研究的分析可知道，通风系统具有一定规律的同时也具有一定的模糊性以及不确定性。故本节把准则层分为安全性、技术可行性、经济合理这3方面，然后在此基础上把矿井通风评价体系划分为12个二级指标进行分析。结合高海拔矿井实际，井下一个重要指标就是含氧量，其直接关系到能否正常生产作业，故将井下含氧量作为其评价的一个指标。同时由于高海拔风机降效，井下污风难以排出，故井下风质也是衡量通风好坏的关键因素，将

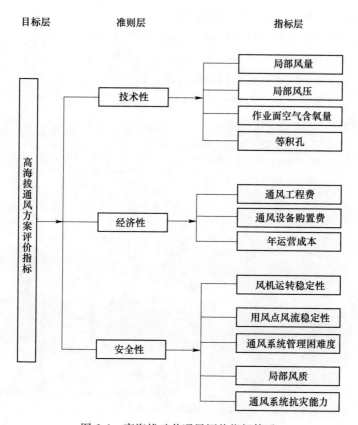

图 6.1　高海拔矿井通风评价指标体系

其作为评价指标之一。

6.3　基于 VENTSIM 解算的通风评价指标数值确定

　　本文选用 VENTSIM 进行通风系统的解算，VENTSIM 三维通风仿真系统是国内外知名的通风解算软件，其强大的解算功能主要包括：通风系统的方案设计、风路风网的解算、风机型号的选择以及井下通风动态模拟等，与其他解算软件不同，该软件还可以对井下进行热模拟和有害气体的扩散模拟，同时其提供的三维可视化工作环境能够对通风方案的合理性、经济性进行模拟，能够轻松的进行通风构筑物以及风机的设定，可以极大的降低通风成本。该软件具有以下特点：

　　（1）可以对井下气流进行动态模拟并对不同类别的数据分别着色，仿真结果一目了然，能够较方便的进行风流、风压、火灾等模拟，操作方便；

　　（2）热空气，湿度以及冷却过程的建模和 3D 模拟；

　　（3）软件使用界面简洁，通风网络优化工具丰富；

　　（4）提供井下炮烟灰尘等污染物的扩散模拟。

其主界面如图 6.2 所示，模拟步骤如下：

（1）利用现有的通风中段图构建三维通风系统图；

（2）将三维巷道中心线图导入软件并转化为实体巷道；

（3）通风线路的模拟并进行线路的修改；

（4）通风参数的设定并进行通风模拟。

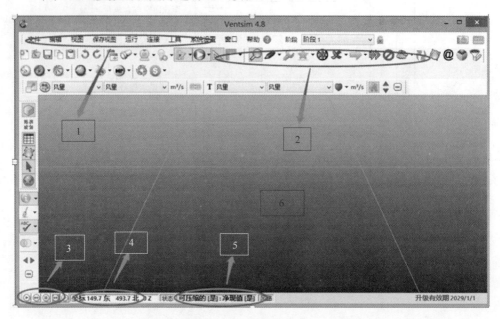

图 6.2　VENTSIM 三维通风软件工作界面

1—主菜单；2—工具栏菜单；3—数据位置控制；4—鼠标位置；5—模拟状态；6—主 3D 视图区

通过该软件解算可以得到各评价指标的具体数值，可将其作为评价指标客观权重确定的依据。

6.4　基于组合赋权的评价指标权重值确定

6.4.1　AHP 分析法确定指标权重

作为一种主观权重分析的方法，层次分析法将较为烦琐的问题根据一定的准则分为多个层次，然后对构建的模型进行分析求解，进而得到各指标因素所对应的权重值。其过程为：首先通过对与上一层评价指标直接相关的同一层评价指标因素之间的重要性两两比较分析，具体量化指标通过赋予数字 1~9 作为评价值，各指标因素重要性评分标准如表 6.1 所示。之后对评价指标比较打分构造出判断矩阵，对其求解得到对应的特征向量，对特征向量进行归一化处理得到评价指标的权重向量。最后也是最重要的是要进行一致性检验以确保所求权重的合理性，其具体步骤如下：

（1）比较标度的确定。各指标间的比较打分按照表6.1的标准进行赋值，因素 t_i 相对于 t_j 的重要性根据表6.1进行量化，若 $\zeta_{ij}=t_i/t_j$，则 $1/\zeta_{ij}=r_j/r_i$。

表 6.1　各指标因素重要性评分标准

标准值	定义	说　明
1	重要性相同	因素 t_i 与 t_j 重要性相同
3	稍稍重要	因素 t_i 比 t_j 重要性稍高
5	较为重要	因素 t_i 比 t_j 重要性较高
7	十分重要	因素 t_i 比 t_j 重要性明显高
9	特别重要	因素 t_i 比 t_j 重要性绝对高

（2）判断矩阵的构建。在对评价体系进行层次分级后，从左至右进行相邻层间的比较，通过比较可构造出判断矩阵：

$$G = \begin{bmatrix} A_{11} & A_{12} & \cdots & A_{1n} \\ A_{21} & A_{22} & \cdots & A_{2n} \\ \vdots & \vdots & & \vdots \\ A_{m1} & A_{m2} & \cdots & A_{mn} \end{bmatrix} \tag{6.1}$$

根据构建的判断矩阵，利用式（6.2）进行特征根 λ_{max} 及特征向量 $\boldsymbol{\mu}$ 的求解。

$$G\boldsymbol{\mu} = \lambda_{max}\boldsymbol{\mu} \tag{6.2}$$

归一化处理后得到的特征向量就是各通风评价指标的重要度，即各指标的权重分配，将其记为 μ_j。

（3）判断矩阵一致性检验。主观权重求出后，为了判断求得的各项评价指标权重分配是否满足要求，需对各层构建的判断矩阵进行检验，确定是否符合一致性要求，检验指标通过 CI 值进行确定，如果 CI 值小于 0.01，则满足一致性要求，表明权重分配合理，一致性检验计算公式如下：

$$CR = \frac{CI}{RI} \tag{6.3}$$

$$CI = \frac{\lambda_{max} - n}{n - 1} \tag{6.4}$$

RI 按照表 6.2 进行取值，其为平均一致性指标。

表 6.2　平均随机一致性指标

阶数	1	2	3	4	5	6	7	8
RI	0	0	0.59	0.8	1.13	1.25	1.31	1.40

6.4.2　熵权法确定指标权重

熵是对某一系统混乱程度的一种量化表示，不同指标在各方案中所起作用是不同的，其所含信息量越大，其重要性就越高，所以可将其作为指标权重的依据。首先根据各指标值构造出判断矩阵，当评判对象在同一个指标上有较大差异时，也就表明方案间含有的信息量大，熵值较小，所以其在各指标间的重要性更加明显，对应的权重值也就越大。同理，同一指标间差异越小，其权重也就越小。熵值法确定权重的步骤如下：

（1）数据的标准化处理。设在构建的评价体系中有 m 个方案并且每个方案对应有 n 个相关的评价指标，则由每个方案的样本值 y_{ij} 可以建立多属性决策评判矩阵 Y 为：

$$Y = \begin{bmatrix} y_{11} & y_{12} & \cdots & y_{1n} \\ y_{21} & y_{22} & \cdots & y_{2n} \\ \vdots & \vdots & & \vdots \\ y_{m1} & y_{m1} & \cdots & y_{mn} \end{bmatrix} \tag{6.5}$$

式中，y_{ij} 为解算得到的各评价指标实际值，其中 $i = 1, 2, \cdots, m$；$j = 1, 2, \cdots, n$。

多属性决策问题重要的一步是要解决指标间量纲不一致的问题。由于各指标间单位不一致，故无法对指标进行计算，因此要对各指标数据按照式（6.6）的指标原则进行量纲归一化：

$$a_{ij} = \frac{y_{ij} - y_{\min}}{y_{\max} - y_{\min}} （效益指标），\quad a_{ij} = \frac{y_{\max} - y_{ij}}{y_{\max} - y_{\min}} （成本指标） \tag{6.6}$$

得到归一化处理后的矩阵 A：

$$A = \begin{bmatrix} a_{11} & a_{12} & \cdots & a_{1n} \\ a_{21} & a_{22} & \cdots & a_{2n} \\ \vdots & \vdots & & \vdots \\ a_{m1} & a_{m2} & \cdots & a_{mn} \end{bmatrix} \tag{6.7}$$

式中，a_{ij} 为归一化处理后的原始数据，$i = 1, 2, 3, \cdots, m$；$j = 1, 2, 3, \cdots, n$，$y_{\min}$ 与 $y_{\max}$ 为评价指标对应的最小以及最大值。

（2）特征权重的计算。特征权重由归一化后的标准决策矩阵求得，计算式如下：

$$g_{ij} = \frac{a_{ij}}{\sum\limits_{i=1}^{m} a_{ij}} \tag{6.8}$$

式中，a_{ij} 为方案 i 中第 j 个评价指标的标准值；g_{ij} 为所求特征权重，$i = 1, 2, \cdots,$

m；$j=1$，2，$\cdots$，n。每一列的值越接近相等，其熵值也就越大，该指标所占的权重也就越小。

（3）指标熵值的计算。指标熵值可用式（6.9）计算：

$$f_j = \frac{\sum_{i=1}^{m} g_{ij} \times \ln g_{ij}}{\ln m} \tag{6.9}$$

式中，f_j 为第 j 个指标对应的熵值，因为当 $g_{ij}=0$ 时，$\ln g_{ij}$ 没有实际意义，所以假定 $g_{ij}=0$ 时，$g_{ij} \times \ln g_{ij}=0$。

（4）指标权重的计算。指标的客观权重值计算公式如下：

$$\theta_j = \frac{1-f_j}{\sum_{j=1}^{n} (1-f_j)} \tag{6.10}$$

式中，θ_j 为第 j 个指标对应权重值，θ_j 应满足 $0 \leqslant \theta_j \leqslant 1$。

6.4.3　组合赋权

层次分析法与熵权法在指标权重确定上侧重点不同，层次分析法个人主观意见较多，与个人经验联系密切，但是评价较为主观不能令人信服。熵值法的评价有较强的客观性，其评价结果主要依据客观真实的数据，但不足之处是评价结果较为片面，通风评价还要结合专家的主观经验。矿井通风系统由于受到的影响因素较多且具有一定模糊性，所以在对其进行评价时评价既需要有一定的客观性，也需要通过专家进行评分量化，使其符合经验判断。故在主观权值确定的基础上与熵值法客观评价方法确定的权值进行结合，考虑主客观因素使评价更具科学性。本研究通过主客观组合赋权法建立井下通风评价模型。其组合权重计算公式为：

$$S_j = \frac{\varepsilon_j \theta_j}{\sum_{j=1}^{n} \varepsilon_j \theta_j} \tag{6.11}$$

式中，S_j 为最终组合权重；ε_j 为主观权重；θ_j 为熵权法计算的客观权重。

6.5　组合赋权——TOPSIS通风方案优选模型

TOPSIS 法是多属性决策问题常用的分析方法，其主要依据备选方案与理想方案解的贴近度来评价方案的优劣并对其排序。正负理想解都是虚拟解，其中正理想解中各指标为评判矩阵每一列的最优指标，负理想解中各指标为评判矩阵每一列的最差指标。以往 TOPSIS 模型指标权重的确定主要依靠专家的主观评判，这样优选出的结果往往与实际有较大差距。本书在传统 TOPSIS 模型的基础上增加了组合赋权法确定指标权重，建立组合赋权——TOPSIS 优选模型，使评价结果与实际情况更加接近。

(1) 评判矩阵的建立。各方案集合 $Q = (Q_1, Q_2, \cdots, Q_m)$，各指标对应集合用 $S = (S_1, S_2, \cdots, S_n)$ 表示，矩阵内指标 s_{ij} 为方案 i 对应的第 j 个评价指标，其中 $i \in [1, m]$，$j \in [1, n]$，评判矩阵 Q 可以表示为：

$$Q = \begin{bmatrix} s_{11} & s_{12} & \cdots & s_{1n} \\ s_{21} & s_{22} & \cdots & s_{2n} \\ \vdots & \vdots & & \vdots \\ s_{m1} & s_{m2} & \cdots & s_{mn} \end{bmatrix} \tag{6.12}$$

(2) 决策矩阵的标准化。为克服各指标量纲的不一致，将通风评价指标按照其属性分为收益性和消耗性两类，并按照式 (6.13)、式 (6.14) 进行归一化处理：

收益性指标

$$b_{ij} = \frac{s_{ij} - \min_j(s_{ij})}{\max_j(s_{ij}) - \min_j(s_{ij})} \tag{6.13}$$

消耗性指标

$$b_{ij} = \frac{\max_j(s_{ij}) - s_{ij}}{\max_j(s_{ij}) - \min_j(s_{ij})} \tag{6.14}$$

(3) 标准化决策矩阵加权化。为将各指标在方案中的重要性考虑进去，用决策矩阵的各指标列与组合权法中权重分别相乘，式 (6.15) 为加权化后的决策矩阵：

$$R = \begin{bmatrix} r_{ij} \end{bmatrix}_{m \times n} = \begin{bmatrix} w_1 b_{11} & w_2 b_{11} & \cdots & w_n b_{1n} \\ w_1 b_{21} & w_2 b_{21} & \cdots & w_n b_{2n} \\ \vdots & \vdots & & \vdots \\ w_1 b_{m1} & w_2 b_{m2} & \cdots & w_n b_{mn} \end{bmatrix} \tag{6.15}$$

(4) 方案贴近度计算。各方案的贴近度通过各备选方案与正负理想解的距离来体现，距离公式见式 (6.16)，正负理想解分别用 r_j^+，r_j^- 表示。

$$\begin{cases} D_i^+ = \sqrt{\sum_{j=1}^n (r_{ij} - r_j^+)^2} \\ D_i^- = \sqrt{\sum_{j=1}^n (r_{ij} - r_j^-)^2} \end{cases} \tag{6.16}$$

各方案对应的贴近度计算用式 (6.17) 表示：

$$C_i^+ = \frac{D_i^-}{D_i^+ + D_i^-}, \quad 0 \leqslant C_i^+ \leqslant 1 \tag{6.17}$$

当 $C_i^+ = 1$ 时，表明最优解为正理想解；当 $C_i^+ = 0$ 时，表明最差解为负理想解，故所求 C_i^+ 值应在（0，1）之间，其大小反应了与理想方案的契合程度。

（5）最终方案的确定。计算提出的各通风方案的贴近度值，贴近度值反映了其与正理想解的契合程度，贴近度值越大说明其越接近理想方案，进而选出最优通风方案。

6.6 本章小结

本章对高海拔矿井通风方案的拟定原则进行了说明，并在此基础上构建了高海拔矿井通风评价体系；为使通风评价更接近实际，在指标权重确定时将主客观赋权结合；对主客观评价的相关内容做了介绍，构建了组合赋权——TOPSIS 通风方案优选模型，并对其评价步骤做了详细说明，为第 7 章井下通风方案优选实例研究奠定了基础。

7 动态送风补偿及局部增压实例

<<<<<<<<<<<<<<<<<<<<<<<<<<<<<<<<<<<<<<<<<<<<<<<<<<<<<<<<<<<<<

　　矿井通风系统对于保障井下矿工生命安全，改善井下作业环境，稀释爆破作业产生的有害气体以及提供足量的新鲜风流等发挥着重要作用。国内外学者对井下通风系统的研究较为充足，做出了许多贡献。

　　国外对于矿井通风调控方面的研究较早，早在 16 世纪时，国外相关学者阿格里科拉编写的《矿冶全书》就对井下通风方面的内容进行了分析说明。19 世纪 50 年代，阿特恩孙在其撰写的《矿井通风原理》一书中分析了风量、风压降之间的联系，并在此基础上阐述了井下通风阻力计算的相关方法[110]。20 世纪以来计算机技术日益发展，并在井下通风方面有了较多的应用，具体表现在矿井通风系统及其测定的研究与应用以及通风网络可视化解算和通风系统模拟仿真等。20 世纪 30 年代，Cullis 等人为解决井下总风量较低的问题，创新性的提出了一种井下风流循环利用的方法，即将洗刷工作面后的风流经过净化技术的处理重新引入需风工作面进行重复利用[111]。在井下作业面上风流的流动原理及规律上 Nakayan S 等学者进行了研究并取得了显著的成果[112]。到 20 世纪 60 年代，国外很多国家，如英美日苏等已将计算机技术与矿井通风结合并进行了实际应用。国外学者 Lowndes I S 和 Tuck M A 等对构成矿井通风系统的各个组件的操作和作用进行了简要说明，提出并讨论了在资本和运营成本方面的最佳通风解决方案，概述了形式优化方法的发展，这些方法已被开发来帮助确定矿井通风系统的最佳设计和运行[113]。Lowndes I S，Yang Z Y 用遗传算法（GA）程序研究复杂的多层矿井网络的主要通风系统，该方法可以确定各个矿山规划阶段（短期，中期和长期）中最实用，最具成本效益的通风系统[114]。Lowndes 提出通过执行 2 种方式的 ANOVA 分析，可以评估通过使用 2 种不同的编码方法（二进制和混合代码）以及各种解决方案总体大小而产生的 GA 的相对性能。为矿井通风系统的规划和运行中具有成本效益的解决方案的选择和评估提供了既有效又高效的优化方法[115]。Bartsch 在萨德伯里的 Xstrata Nickel Rim 南矿安装了按需优化的矿井通风（OMVOD）系统，由 Simsmart Technologies 开发的 OMVOD 系统通过实时动态自动化来监视和控制空气质量，证明可以降低能源成本，同时改善地下矿井的空气质量[116]。Kruglov Y V 利用数学模型解决了任意拓扑矿井中一维非定常压缩空气流的问题，该数学模型包括一维方程和压力-速度连续性条件、特征方法、差分方案和 AEROSET 软件[117]。El-Nagdy K A 采用 Hardy-Cross 算法结合切换参数技术研究了通风机之间的相互影响及其对通风网络稳定性的影响[118]。Kurnia, Jundika C 等为降低能耗成本和井下甲烷含量提出了一种间断式通风的方法[119]。Nyaaba W，Frimpong S 提出了一种新的矿井通风网络优化方法，将其作为标准的非线性规划问题，并讨论了将新型一阶拉格朗日（FOL）算法用于等式约束作为解决这些问题的工具[120]。

另外在矿井通风调控方面，我国也取得了丰硕的成果。在通风网络优化调节上，黄元平利用非线性规划的方法建立了一种数学模型，该模型能较好的对井下通风网络进行优化，并在一定程度上降低能耗[121]。王海宁、彭斌等开发了一套具有可视化的矿井三维仿真解算软件，该软件具有实用、准确的优点，采用的算法为 Hardy-Cross 算法，具有较高的准确性，能够准确对复杂的通风系统进行解算，极大的提高了矿井优化的效率[122]。赵波等提出了均衡通风的原则，并通过计算机对某矿井进行了解算，解决了其井下存在的通风问题[123]。刘杰利用 Visual Studio 编写了能够选择井巷最优断面降低成本费用的解算程序，该程序可以有效的提高矿井巷道的利用价值，具有较高的应用价值[124]。高玮将蚁群算法应用至通风系统优化上，利用蚁群路径优化的原理对通风系统优化提供借鉴[125]。在通风调控技术方面，石长岩等结合矿井实际建立了矿井整个通风系统的循环通风，克服了局部循环通风的不足，并在此基础上在井下设计了风流净化处理的相关设施，降低毒害气体的累积，提高井下的安全性[126]。20 世纪末，刘荣华以及刘何清等利用空气幕技术来解决采掘工作面烟尘较大的问题，并取得了较好的效果，并在此基础上对其防尘隔尘原理进行了分析[86]。王海宁等对空气幕的研究较为全面，建立了具有不同功能的井下风流调控模型，为空气幕在井下的应用提供理论和技术支持[11]。2010 年，谭允祯等[7,10]研究了空气幕引射的风速与风机出口尺寸以及喷射角度的关系，构建了高压空气幕。

通过以上分析可知，在矿井通风调控方面，国内外学者的相关研究主要体现在通风网络优化、算法优化上，以及对矿井进行技术改造等，多是利用计算机技术对现有通风方案进行解算优化，或利用计算机进行解算并对提出的方案进行优选等。所以，本章以高海拔矿井 MZG 金矿为背景，在对矿井现存通风问题分析以及测定的基础上，提出 3 个适用于高海拔矿井的通风方案，利用三维通风仿真软件分别对各个方案进行解算，最后根据解算出的数据利用构建的组合赋权——TOPSIS 评价模型对提出的改造方案进行优选实施。

7.1 MZG 金矿通风现状测评分析及通风参数测算

7.1.1 生产现状介绍

（1）基本情况。MZG 金矿气候干旱寒冷，无霜期短，每年 5~9 月为暖季，气温-25~20℃，冰冻期为每年的 10 月至第二年 4 月，冬春两季西北风最大达 9

级。年平均气温 0.1~1.8℃，年平均为 0.7℃，年最高气温在 7 月份 12.2℃，年最低气温在 1 月份-11.6℃。日最高气温为 28.1℃，最低气温为-34.4℃，风速平均为 1~3m/s。

　　地球岩石圈变温层的特点是温度会随着自然环境温度的变化而变化，恒温层的特点是温度不会随着自然环境的温度变化而变化，温度为所在区域的年平均温度。在长期的自然通风作用下，一般海拔 3000m 以上的矿区开采出的岩石温度将接近当地年平均温度。MZG 金矿属于高海拔地区，开采矿区基本都位于海拔 3000m 以上的恒温带，气温较低，存在多年冻土带，不属于高地温矿床，也无热害存在。

　　（2）开采范围。划定的矿区范围包含详查报告提交资源量估算范围的全部。MZG 金矿位置坐标如表 7.1 所示。

表 7.1　MZG 金矿位置坐标

拐点	1980 西安坐标系			
	X/m	Y/m	标高/m	面积/km^2
1	3982998.000	33552687.132		
2	3983945.479	33553681.457	3750~4600	0.8331
3	3983950.775	33553558.239		
4	3982998.000	33553564.040		

　　（3）开采对象。MZG 金矿矿体较多，圈定的共有 30 条，其中 M1、M2、M5、M6、M8、M9、M10、M11、M12、M18 等矿体提交资源量 333 以上，M4、M7 等矿体除提交 333 以上资源量外，还提交部分 334 资源量，其余矿体 M3、M13、M14、M15、M16、M17、M19 至 M30 等矿体仅提交 334 资源量。

　　设计开采对象主要为矿区范围内提交 333 以上资源量的矿体，即 M1、M2、M5、M6、M8、M9、M10、M11、M12、M18、M4、M7 等矿体。MZG 金矿矿体赋存条件较好，矿体分布集中，提交 334 资源量的矿体距提交 333 资源量的矿体相距较近，可在生产过程中经过生产探矿，提高资源储量级别后利用。

　　（4）开采方式。考虑到该矿各条矿体的走向以及较大的倾角且埋存较深，采用地下开采方式进行开采。若采用露天开采，会造成环境破坏，且受当地气候条件影响大。

　　（5）开采顺序。矿区矿体形态主要呈现为层状和脉状，形态较为简单，且呈上下分布，同时矿体属倾斜-急倾斜薄矿体。

　　结合矿体形态，矿区的开采顺序按如下进行：首先对于不同中段的开采按照从上中段至下中段的顺序开采，当多个中段同时进行开采时，要使上一中段比下面中段提前开采一个矿块保证开采的有序。同一中段矿体的开采按照先开采离回风井近一侧的矿体再逐步向进风侧推进开采。考虑到上下层矿体相距较近，开采时应先开采顶层矿体再向下进行开采。

7.1.2 矿井通风系统现状介绍

（1）通风方式。考虑到矿山采用多中段生产、通风线路复杂、风流难以控制的特点，原设计采用抽出式通风方式。

（2）通风系统选择。根据矿体的开拓运输系统，4305m 水平以上通过平硐结合溜井进行开拓，4305m 以下采用盲竖井向下开拓，4305m 平硐布置于矿体走向北端；结合各平硐口布置位置以及矿体埋藏深、矿体多的特点，矿井通风设计确定 4305m 水平中段以上采用双翼对角抽出式机械通风系统，4305m 水平以下从一侧进行抽出式通风即单翼对角抽出式通风。

4305m 以上开采区通风：4305m 水平以上进风井为各中段平硐，回风井沿矿体方向南北两端设置 2 号、1 号两个，4305m 水平以上通风系统由各中段平硐、中段运输平巷、1 号、2 号回风井形成。其风流流动路径为新鲜风流由中段平硐进入，然后依次经各中段运输巷道、穿脉平巷和沿脉平巷，之后由人行通风天井进入工作面，最后洗刷工作面后经上沿脉平巷和回风石门从 1 号回风井抽出地表，南侧从 2 号回风井、4450m 回风平硐抽出地表。回风井断面 2m×3m，井筒内布置有梯子间，为安全通道。主风机安装于 4500m 回风平硐口及 4450m 回风平硐口，井口设置人行绕道为安全出口。

4305m 以下开采区通风：4305m 水平以下采用盲竖井开拓，矿体走向南侧 7 线附近为盲竖井，新鲜风流由盲竖井进入，在北端有 2 号、3 号回风井进行回风。盲竖井和各中段运输平巷以及 2 号、3 号回风井形成 4305m 以下各中段通风系统。风流从 4305m 平硐口进入经各中段作业面后，污风通过回风石门经 3 号回风井、2 号回风井及 4450m 回风平硐抽出地表。回风井断面 2m×3m。

（3）通风网络。4305m 水平以上通风系统：新鲜风流由各中段平硐—中段沿脉巷道—中段各需风点—穿脉巷道—人行通风天井—工作面—1 号、2 号回风井—4500m 回风平硐、4450m 回风平硐—地表。

4305m 水平以下通风系统：新鲜风流由 4305m 平硐—盲竖井—中段沿脉巷道—中段各需风点—穿脉巷道—人行通风天井—工作面—回风天井—回风平巷—3 号回风井—4000m 回风平巷—2 号回风井—4450m 回风平硐—地表。

其通风系统图如图 7.1 所示。

7.1.3 MZG 金矿通风测定及问题分析

为了了解井下通风系统的状况，清楚井下是否存在漏风点以及通风构筑物的设置是否合理，需要对整个矿井进行详细的测定，为矿井通风系统优化做理论上

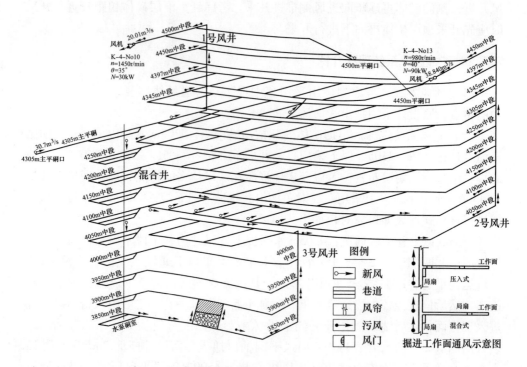

图 7.1　MZG 金矿通风系统

的准备。在对 MZG 金矿井下通风系统初步了解的情况下，联合测定小组根据拟定的测定线路对 MZG 金矿通风系统的井巷参数、风速、风压以及主要扇风机工况数据进行了收集整理。

（1）测定原则。1）确保各项测定均在井下生产正常时测定。2）矿井通风入口和出口均需进行测定。3）要确保井下主要风路的相关参数都要进行测定。4）检查各通风构筑物是否完好，有损毁的进行记录。5）查清井下的空区位置、废弃巷道等并记录。

（2）测定内容。矿井通风需要按照既定测点对用风点的风速，断面积，空气湿度以及风机风压功率等基本参数进行采集。在测定时应保证收集到的数据为井下各种通风设施正常运转时的数据，只有这样才能确保数据的准确可靠，同时为后续通风优化、软件解算奠定基础。

同时需要注意，在测定前应提前对测点进行合理分配，保证测定的有序准确。测点需按照以下准则：首先，风流分风点和汇合点处必须作为测点，但对风量变化不大、相距较近且风量较小的巷道可以简化处理。测前需在各中段图上按照顺序标注测点位置，测定时按照序号分别进行测定并分中段进行记录，保证测定的准确。测定的内容如图 7.2 所示。

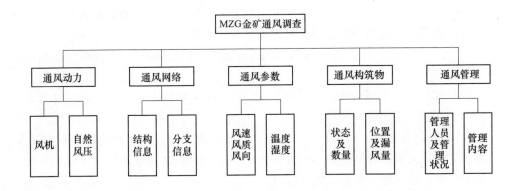

图 7.2 MZG 金矿通风测定内容

（3）测定仪器。实验仪器包括矿井风机测定实验箱 1 套（含 2 套架杆、16 个风杯、配套笔记本电脑等）；精密数字气压计 3 台以及机械翼式风表（高、中、微速风表各 2 块）共计 6 块；同时配备有风扇式干湿表共计 3 块和计时秒表 3 块，皮尺 3 卷，测杆 5 根，温湿度表 3 块等等。部分器材如图7.3 所示。

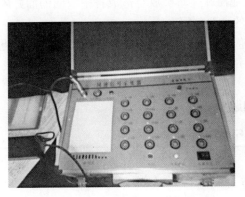

图 7.3 通风测定部分仪器

（4）MZG 金矿井下工作面低压问题分析。高海拔地区矿井最显著的问题就是低压缺氧，尤其是在井下人员较多的局部工作面，相较于平原地区，高海拔矿井开采难度大大增加，对井下通风系统的影响最为显著，井下低氧分压的恶劣环境，使作业人员劳动效率降低，长期在井下作业对矿工身心都带来极大伤害。MZG 金矿原设计 4305m 水平中段以上采用双翼对角抽出式机械通风系，4305m水平以下矿体采用单翼对角抽出式机械通风系统。根据第 2 章关于高原适宜通风方式分析可知，该方式不能有效缓解井下缺氧的状况，而且会使低压状况更加严峻，所以必须采取适当的措施增加局部作业面的气压，提高含氧量。基于空气幕增压模型，对 MZG 金矿进行局部增压调控，通过 FLUENT 软件仿真确定其增压效果。

(5) MZG 金矿现存通风问题分析。由于 MZG 金矿位于高海拔地区且开拓布局较深，存在一系列通风问题：

1）矿区海拔较高，空气稀薄，导致井下工作面压力较低。相较于平原地区，高海拔矿井开采难度有所增加，对井下通风系统的影响最为显著，井下低氧分压的恶劣环境，使作业人员劳动效率降低。

2）井下通风风质较差。井下部分作业面有害气体浓度严重超标，危害矿工的健康。分析可知是由于井下大型作业机械较多，机械油耗较大且燃料燃烧不充分使有害气体大量增加，加之高海拔造成通风机降效，通风动力降低，炮烟等有害气体也不能顺利排出，危害人体健康和行车安全。

3）井下有效风量较低，且存在严重的漏风、风流短路问题。通过分析可知是由以下原因造成的：该矿井爆破作业较为频繁，故通风构筑物设置较少，不能有效的对井下风流进行调控，部分风流在天井处短路，此外井下暂时不用的废弃巷道、空区等没有及时封堵，造成部分风量损失。目前该矿井各中段的矿石需要通过溜井放至 4345m 中段，使得其他溜井大量被放空造成各中段间的溜井风流短路，4345m 中段同时也是污风循环的主要位置。

4）矿井通风阻力逐步增大。随着矿井逐步向下开拓，通风线路变得更加复杂，而原有通风设施、通风构筑物并没有大的改变，同时井下堆砌的杂物，废石以及积水等加剧了阻力的变大。

通过分析，MZG 金矿的通风问题总结如表 7.2 所示。

表 7.2　MZG 金矿现存通风问题汇总

通风内容	存在的问题	原因分析
通风网络情况	井下存在漏风、短路等问题	(1) 废弃巷道、采空区没有及时封堵造成漏风； (2) 风流短路问题严重
	通风阻力增加	(1) 分支巷道的分布越来越复杂； (2) 矿井通风线路持续增长，尤其是随着 4000m 中段至 3850m 中段的开采； (3) 井巷杂物没有及时清理
	风量分配不均	(1) 井下各中段同时开采，作业面多且分散； (2) 工作面不固定，且变动较为频繁
通风动力	局扇维护不及时，风机效率较低	(1) 部分通风机有损毁没有及时维修； (2) 海拔因素造成的风机降效

续表7.2

通风内容	存在的问题	原 因 分 析
通风设施	井下风流调节困难，风质较差	（1）高海拔地区空气稀薄使得作业机械燃油燃烧不充分； （2）通风构筑物设置及维护管理不到位
通风管理工作	通风问题解决不及时，缺乏高原特殊环境作业的专门培训	（1）井下通风管理意识不到位； （2）通风管理人员没有进行高海拔作业的专门培训； （3）井下调控技术相对落后

7.1.4 MZG金矿井下通风参数核算

7.1.4.1 MZG金矿热负荷计算

MZG金矿矿区附近没有供热热源和压缩空气源，生产和生活用热需要自建锅炉房和空压站。矿井平硐热风采用矿井空气加热器将送风加热，通过风管将热风送入矿井入口，热源为矿区锅炉房提供的70~95℃热水和空压机的循环冷却水，矿井空气加热器通过控制系统将加热风与自然进入矿井的混合风温度控制在2~2.5℃之间。

暖风机组SGRF-20/40/3.5-S为3台并联，每台风量$3.5×10^4 m^3/h$，传热量832.5kW，余压100~300Pa，耗功率7.5kW。采矿区锅炉房供生产区单体构筑物采暖、矿井平硐保温，总热负荷2.08MW，电热水锅炉的主要额定参数见表7.3。

表7.3 采矿区锅炉房主要设备表

设备名称	型号	参数	单位	数量
电热水锅炉	WDR1.05-0.7/95/70-1080	$N=1.08MW$	台	2
离子交换器	LJ-I-3.0	$Q=2~4m^3/h$；$N=40W$	台	1
软水箱	R108（一）	$V=2.0m^3$	套	1
补水泵	DFEG-32-205/2A	$Q=11m^3/h$；$H=47.3m$；$N=5.5kW$	台	2
热水循环泵	DFEGR-80-180/2	$Q=70m^3/h$；$H=39m$，$N=15kW$	台	2
除污器	R406-1 DN150		套	1

7.1.4.2 矿井风量计算

（1）回采工作面需风量的计算。该矿山设计采用浅孔留矿采矿法，矿体平均厚度0.96~4.07m，按2.50m计。

1）需风量计算（按排尘风量）。按照相关要求，排尘风量按照$1.30m^3/s$进行取值。

2）需风量计算（按排尘风速）。

$$q_{hs} = Sv = 2 \times 2.5 \times 0.25 = 1.25 \text{m}^3/\text{s}$$

3）回采工作面所需风量按照排出炮烟进行计算。根据第 2 章高海拔地区矿井通风风量校核部分可知排尘风量不受空气密度影响，所以在对通风风量计算的时候只考虑海拔因素对排除炮烟所需风量的影响。

$$q_h = \frac{N}{t} LS = \frac{12}{2400} \times 46 \times 2 \times 2.5 = 1.15 \text{m}^3/\text{s}$$

$$q_{h校核} = \sqrt{1/K} q_0 = 1.25 \text{m}^3/\text{s}$$

$$K = \left(1 - \frac{Z_p}{44300}\right)^{4.258} = 0.641$$

式中，q_h 为井下炮烟排出所需风量，m^3/s；S 为风量通过该采场的断面积，m^2；t 为排除炮烟所需通风时间，通常取 1200~2400s；$q_{h校核}$ 为校核后排出炮烟所需用风量，m^3/s；L 为实际计算的采场距离，m；N 为炮烟在达到允许浓度时的风量交换位数 $N = 10~12$。根据以上计算，可知工作面所需风量取最大值 $1.30\text{m}^3/\text{s}$。

（2）备用采场工作面风量计算。理论上常将回采工作面计算所需风量的一半作为备用采场的所需风量，所以本研究按照 $0.65\text{m}^3/\text{s}$ 进行取值。

（3）掘进工作面风量计算。该矿井掘进工作面断面多为 5.6m^2，故取 $1.5\text{m}^3/\text{s}$ 作为需风量。

（4）井下硐室所需风量。井下硐室主要有卷扬机硐室，水泵硐室以及喷锚支护工作面。其所需风量分别为 $3.3\text{m}^3/\text{s}$、$4.5\text{m}^3/\text{s}$、$4.0\text{m}^3/\text{s}$。

（5）矿井所需总风量计算。

$$Q = k_1 k_2 \left(\sum q_h + \sum q_j + \sum q_d + \sum q_c\right) = 31.32 \text{m}^3/\text{s}$$

式中，Q 为井下用风总量，m^3/s；q_d 为进行单独通风的硐室消耗风量，m^3/s；q_h 为回采工作面与备用采场的用风量，m^3/s；k_1 为矿井外部漏风系数，取值为 1.1；k_2 为矿井内部漏风系数，取值为 1.5；q_j 为采掘工作面用风量，m^3/s；q_c 为其他工作面生产所需风量，m^3/s。

MZG 金矿地下开采总需风量计算结果见表 7.4。

表 7.4　矿井需风量计算表

工作面类型	单个需风量/$\text{m}^3 \cdot \text{s}^{-1}$	数目/个	用风量/$\text{m}^3 \cdot \text{s}^{-1}$
凿岩采场	1.3	6	7.8
备用采场	0.65	6	3.9
普通掘进	1.5	3	4.5
喷锚支护点	4	1	4
装矿、渣作业点	1.5	2	3

续表7.4

工作面类型	单个需风量/m³·s⁻¹	数目/个	用风量/m³·s⁻¹
水泵硐室	4.5	1	4.5
卷扬硐室	3	1	3
小计			30.7

7.1.4.3 矿井通风阻力计算

（1）矿井通风总阻力按照以下原则进行计算。1）采取适当措施保证井下通风总阻力不要过大；2）井巷摩擦阻力的 1/5 作为局部阻力。

（2）风量分配。将各工作面的有效风量与井下漏风量求和作为井下所需总风量。各用点所需有效风量如表7.4 中所列的进行分配。

（3）通风负压。矿井通风阻力的总风压可等效为井下通风巷道总阻力与回风阻力损失值的和。通风摩擦阻力按照下面进行计算。

1）根据第 2 章高海拔矿井通风风阻校核可知巷道通风摩擦阻力计算公式为：

$$\alpha = \alpha_0 \frac{\rho}{1.2} \tag{7.1}$$

$$h_i = R_i q_i^2 = \frac{\alpha P L}{S^3} q_i^2 \tag{7.2}$$

式中，h_i 为计算的通风摩擦阻力，Pa；S 为所在通风巷道断面积，m²；R_i 为井巷摩擦风阻，N·s²/m⁸；α 为高海拔矿井校核后通风摩擦阻力系数，N·s²/m⁴；L 为用于计算井巷长，m；P 为井巷通风断面的周长，m；q_i 为巷道过风量，m³/s。

2）矿井通风总阻力计算。矿井总摩擦阻力与井下局部通风阻力之和为矿井通风总阻力，局部阻力按照通风摩擦总阻力的 1/5 进行取值。

高海拔矿井通风阻力为：

$$h_z = K_1 h_0 \tag{7.3}$$

式中，h_z 为高海拔矿井通风阻力，Pa；h_0 为标准条件下通风阻力，Pa；K_1 为海拔高度系数。

$$K_1 = \left(1 - \frac{Z_p}{44300}\right)^{4.258} = 0.641 \tag{7.4}$$

式中，Z_p 为矿井平均海拔高度，4400m；K_1 为海拔高度修正系数；矿井通风总阻力计算见附录 2（通风阻力计算汇总表）。

7.1.4.4 矿井通风设备核算

（1）矿井所需最大风量和负压。

矿井前期开采 4305m 水平以上矿体时，矿井所需最大风量为 31.32m³/s，分配至 1 号回风井最大风量为 20.01m³/s，1 号回风井困难情况下通风阻力为 111.64Pa。

矿井后期开采 4305m 水平以下矿体时，矿井所需最大风量为 38.84m³/s，2 号回风井困难情况下通风阻力为 645.66Pa。

（2）风机的风量。

$$Q_f = \varphi Q_t \tag{7.5}$$

式中，Q_f 为所求扇风机的风量，m³/s；Q_t 为矿井需求的风量值，m³/s。φ 为备用系数，取 1.1。

经计算：1 号风井风机风量 $Q_f = 22.01$m³/s

2 号风井风机风量 $Q_f = 42.75$m³/s

（3）高海拔条件下风机的全压。

$$H_f = h_t + H_n + h_r + h_v \tag{7.6}$$

式中，h_v 为风流至出口动压损失，30Pa；H_n 为反向的自然风压，150Pa；h_t 为井下通风总阻力，Pa；h_r 为通风装置阻力之和，175Pa。

结合第 2 章通风机的校核经计算可知，1 号风井风机风压 $H_f = 466.64$Pa，2 号风井风机风压 $H_f = 1000.66$Pa。

（4）风机选择。根据以上计算数据 Q_f 和 H_f 值，将标况下的风机特性曲线按高海拔地区进行换算，风机按照工况点选取的方法进行。

对风机性能曲线进行换算，具体按照高海拔地区的空气密度去校核计算，计算如下：

$$Q' = Q$$
$$H' = H\frac{\rho'}{1.2} \tag{7.7}$$

式中，Q' 为高海拔地区下风机的风量；Q 为标况下风机的风量；H' 为高海拔地区下风机的风压；H 为标况下风机的风压。

1 号风井风机选用 K-4-No.10（原 K454-No.10）型矿用节能轴流通风机一台，效率为 0.85，风机风量 13.0~24.0m³/s，全压 558~1071Pa，功率 30kW，电动机型号 Y200L-4，变频控制。

2 号风井风机选用 K-4-No.13（原 K45-4-No.13）型矿用节能轴流通风机一台，效率为 0.80，风机风量 27.6~54.8m³/s，全压 94.3~1810Pa，功率 90kW，电动机型号 Y280M-4，变频控制。

风机主要技术参数见表 7.5。各型号风机配备 1 台同型号电动机。

表 7.5　通风设备主要技术性能参数

型号	速度/r·min⁻¹	供风量/m³·s⁻¹	全压/Pa	功率/kW	电机型号	质量/kg
K-4-No.10	1450	13.0~24.0	558~1071	30	Y200L-4	1169
K-4-No.13	1450	27.6~54.8	93.3~1810	90	Y280M-4	2205

7.1.4.5 局部通风

矿井局部通风主要是对矿井独头巷道掘进、天井掘进及采场工作面的辅助通风。一般是在矿井末端巷道安装辅扇或局扇，按照末端巷道采掘工作面所需风量及最低排尘风速进行分配，并对矿井最高允许风速进行校核。在保证回采、掘进、出矿及各硐室需风的条件下，按自然分风调节进回风网风量，对采掘工作面需风量用机械调节方式强制分风。

为了避免出现循环风的问题，对不同的通风系统采取不同的调节方式，如对于压入式通风方式，应在贯穿巷道距独头巷道口大于10m的上风侧设置吸风口；对于抽出式通风方式，应在贯穿巷道距独头巷道口大于10m的下风侧设置排风口。对于混合式通风方式，需要同时满足以下3点要求：（1）在贯穿巷道距独头巷道口大于10m的上风侧设置吸风口，下风侧设置排风口；（2）吸风口入口处的风量比压入式局扇的风量一般大20%~25%；（3）抽出式风筒排风口的位置应比压入式风机吸风口的位置更接近采掘工作面，两吸风口之间的距离也应大于10m。

7.2 高海拔矿井动态送风补偿优化研究

7.2.1 局部优化

（1）暖风机系统。暖风机采用锅炉房中的70~95℃的热水作为热媒与周围冷空气发生热交换后使空气温度达到2℃以上，发生热量交换后将井下的冷负荷传递给锅炉房热水系统。暖风机的能耗受热水循环系统中加热水的流量、出水温度以及进水温度等数据变化影响，根据高海拔矿井通风系统的分解辨识过程，可以得到暖风机系统的能耗优化模型：

$$\begin{cases} W_{heater}(t_{heater\_e}, Q_{fan\_hwp}, t_{hwo}) = \min\Big\{ \sum_{i=1}^{N_0} W_{heater,i}(t_{heater\_e,i}, Q_{fan\_hwp,i}, t_{hwo,i}) \Big\} \\ \text{s. t. } t_{heater\_e,i} \geq t_{heater\_e\,min} \end{cases} \quad (7.8)$$

式中，N 表示局部系统个数，$N_0 = 3$；W_{heater} 为暖风机能耗；t_{heater_e} 为暖风机的蒸发温度；Q_{fan_hwp} 为加热水流量；$t_{hwo,i}$ 为暖风机的加热水进水温度；$t_{heater\_e\,min}$ 为暖风机蒸发温度的下限值。

（2）热水循环系统。热水循环系统将暖风机组提供的冷却水送到锅炉房热水系统中重新加热，热水循环泵能耗的主要影响参数为热水循环泵的流量。热水循环系统的能耗优化模型如下：

$$\begin{cases} W_{hwp}(Q_{hwp}) = \min\Big\{ \sum_{i=1}^{N_1} W_{hwp,i}(Q_{hwp,i}) \Big\} \\ \text{s. t. } Q_{hwp\,min,i} \leq Q_{hwp,i} \leq Q_{hwp\,max,i} \end{cases} \quad (7.9)$$

式中，$N_1 = 2$；W_{hwp}为热水循环泵能耗；Q_{hwp}为热水循环泵实际流量；$Q_{hwp\,min,i}$为热水循环泵最小流量；$Q_{hwp\,max,i}$为热水循环泵额定流量。

（3）空气处理系统。空气处理系统主要通过传感器对矿井末端巷道的风速、温度、有毒有害气体等进行监测控制，根据矿井负荷的要求，调节空气处理机组，改变送风量。空气处理系统的能耗优化模型为：

$$
\begin{cases}
W_{ahu}(Q_{ahu}) = \min\left\{\sum_{i=1}^{N_2} W_{ahu}(Q_{ahu})\right\} \\
s.\,t.\ Q_{ahu\,min} \leqslant Q_{ahu} \leqslant Q_{ahu\,max} \\
t_{ahu} - t_s \leqslant \Delta t_{max} \\
f_{ahu,fan\,min} \leqslant f_{ahu,fan} \leqslant f_{ahu,fan\,max} \\
c_a \rho_a Q_{ahu}(t_{ahu} - t_{ahu,s}) = \xi W_{ahu,s}
\end{cases}
\tag{7.10}
$$

式中，$N_2 = 1$；W_{ahu}为机组能耗；$Q_{ahu\,min}$为送风机的最小流量；Q_{ahu}为送风机的实际流量；$Q_{ahu\,max}$为空气处理系统送风机的额定流量；t_{ahu}为空气处理机组的送风温度；t_s为空气处理区域实际温度；Δt_{max}为空气处理机组送风温度与空气处理区域实际温度的最大差值；$f_{ahu,fan\,min}$为空气处理机组风机的最小频率；$f_{ahu,fan}$为空气处理机组风机的频率；$f_{ahu,fan\,max}$空气处理机组风机的最大频率；c_a为空气的比热容；ξ为空气处理区域的显热负荷率。

（4）末端处理系统。末端处理系统主要包括 6 条巷道，以舒适度为巷道的指标设定，测量影响舒适度的值，采用热舒适计算器对舒适度进行计算。影响末端处理系统风机能耗的主要参数为末端巷道的温度和风速。末端处理系统的能耗优化模型为：

$$
\begin{cases}
W_{end} = \min\left\{\sum_{i=1}^{N_3} W_{end,i}(Q_{rw,i}, t_{rw,i}, t_{ahu}, p_{ahu})\right\} \\
s.\,t.\ Q_{rw\,min,i} \leqslant Q_{rw,i} \leqslant Q_{rw\,max,i} \\
t_{rw\,min,i} \leqslant t_{rw,i} \leqslant t_{rw\,max,i} \\
t_{ahu\,min,i} \leqslant t_{ahu,i} \leqslant t_{ahu\,max,i} \\
p_{ahu\,min,i} \leqslant p_{ahu,i} \leqslant p_{ahu\,max,i}
\end{cases}
\tag{7.11}
$$

式中，$N_3 = 6$；W_{end}为末端处理系统的总能耗；$W_{end,i}$为第 i 条末端巷道的能耗；$Q_{rw\,min,i}$第 i 条末端巷道的最小送风量；$Q_{rw,i}$第 i 条末端巷道的实际送风量；$Q_{rw\,max,i}$为第 i 条末端巷道的最大送风量；$t_{rw\,min,i}$为第 i 条末端巷道的温度最小值；$t_{rw,i}$为第 i 条末端巷道的实际温度值；$t_{rw\,max,i}$为第 i 条末端巷道的温度最大值；$t_{ahu\,min}$为空气处理机组的送风温度最小值；t_{ahu}为空气处理机组的送风温度实际值；$t_{ahu\,max}$为空气处理机组的送风温度最大值；$p_{ahu\,min}$为空气处理机组的送风静压最小值；p_{ahu}为空气处理机组的送风静压实际值；$p_{\text{ahu max}}$为空气处理机组的送风静压最大值。

7.2.2　全局优化

高海拔矿井动态送风补偿通风系统的优化目标是在满足矿井作业人员的热舒适度的前提下，实现矿井通风设备的节能优化。高海拔矿井通风系统的主要耗能通风设施包括暖风机、热水循环泵、空气处理机组及末端处理系统。根据全局系统稳态优化方式和各局部系统的优化模型，可得其全局优化运行工况模型。

$$W_{\text{total}} = \min \sum_{i=1}^{N_0} W_{\text{heater}}(t_{\text{heater,e}}, Q_{\text{fan,hwp}}, t_{\text{hwo}}) + \sum_{i=1}^{N_1} W_{\text{hwp},i}(Q_{\text{hwp},i}) +$$

$$\sum_{i=1}^{N_2} W_{\text{hwp},i}(Q_{\text{hwp},i}) + \sum_{i=1}^{N_3} W_{\text{end},i}(Q_{\text{rw},i}, t_{\text{rw},i}, t_{\text{ahu}}, p_{\text{ahu}}) \qquad (7.12)$$

7.2.3　局部优化结果及分析

高海拔矿井通风系统局部优化是在局部优化模型建立的基础上，以逐时变化的热舒适度为局部系统的控制指标，通过寻求暖风机、热水循环泵、空气处理机组以及末端处理机组耗能设备的最优控制参数，达到系统节能目的。优化结果如下：

（1）暖风机系统。暖风机出风温度初始设定值如表7.6所示，暖风机出风温度优化控制如图7.4所示。

表7.6　暖风机出风温度初始设定值

时间/h	0	1	2	3	4	5	6	7	8	9	10	11
干球温度/℃	24.7	26.7	26.9	29.3	29.5	29.7	29.4	28.2	25.8	22.8	20.4	20.1
时间/h	12	13	14	15	16	17	18	19	20	21	22	23
干球温度/℃	19.5	18.7	18	17.7	17.9	18.4	18.9	19.7	20.3	21.5	22.4	24.2

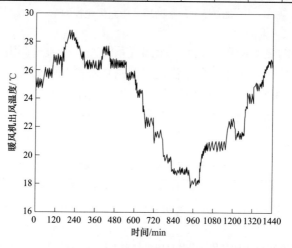

图 7.4　暖风机出风温度优化控制

暖风机系统中，暖风机出风温度由于受暖风机负荷和热水循环系统回水温度的影响，在初始设定值的范围内有一定幅度的变化，在控制设定值变化的过程中，暖风机调节温度的时间短，达到了预期目标。

（2）热水循环系统。热水循环泵压差初始设定值如表 7.7 所示，热水循环泵压差优化控制如图 7.5 所示。

表 7.7　热水循环泵压差初始设定值

时间/h	0	1	2	3	4	5	6	7	8	9	10	11
压差/MPa	1.75	1.77	1.81	1.92	1.81	1.81	1.78	1.78	1.69	1.59	1.57	1.55
时间/h	12	13	14	15	16	17	18	19	20	21	22	23
压差/MPa	1.45	1.41	1.41	1.35	1.51	1.52	1.59	1.60	1.66	1.68	1.68	1.81

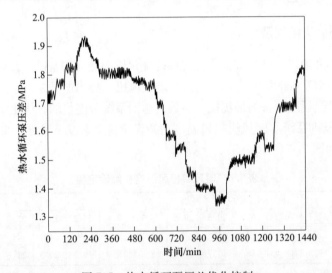

图 7.5　热水循环泵压差优化控制

高海拔矿井的热水循环系统是一个闭式系统，主要通过调整二次泵频率来维持初始设定值，从热水循环泵压差优化控制图来看控制效果较好。

（3）空气处理系统。空气处理系统中的静压为各条巷道静压的总和。空气处理系统送风静压初始设定值如表 7.8 所示，高海拔矿井通风系统静压优化控制如图 7.6 所示。

表 7.8　空气处理系统初始设定值

时间/h	0	1	2	3	4	5	6	7	8	9	10	11
静压/Pa	1052.7	1040.7	1020.7	1010.4	1010.1	1000.7	1030.8	1030.5	1050.9	1050.7	1060.4	1070.8
时间/h	12	13	14	15	16	17	18	19	20	21	22	23
静压/Pa	1080.6	1080.5	1100.9	1110.9	1110.7	1130.5	1030.7	1120.9	1120.6	1100.2	1090.7	1090.5

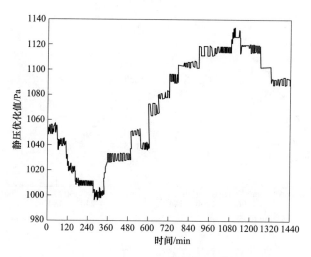

图 7.6 空气处理系统静压优化控制

空气处理系统的送风静压大小影响系统的能耗变化,从空气处理系统静压优化控制图可以看出,优化后的空气处理机组的送风静压跟随性好,达到了系统的稳定优化控制。

(4)末端处理系统。末端处理系统主要通过优化巷道温度来提高矿井作业人员的热舒适度,其中巷道 1 为 4305m 回风平巷、巷道 2 为采场、巷道 3 为 4305m 主平硐、巷道 4 为人行天井、巷道 5 为采场另一侧天井、巷道 6 为竖井。通过 VENTSIM 的热模拟功能模拟矿井通风得出末端巷道为表 7.9 中设定值时可满足大多数巷道的温度要求。各末端巷道温度控制初始设定值如表 7.9 所示,末端巷道优化控制效果如图 7.7 所示。

表 7.9 巷道温度初始设定值

时间/h	0	1	2	3	4	5	6	7	8	9	10	11
巷道 1	4.2	4	4	3.7	2.5	3.2	3.6	3.9	4.1	4.4	4.7	4.9
巷道 2	2.9	2.8	2.7	2.5	1.2	1.9	2.3	2.6	2.9	3.1	3.4	3.7
巷道 3	2.8	2.7	2.6	2.3	1.1	1.8	2.2	2.5	2.7	3	3.3	3.6
巷道 4	5.3	5.2	5.1	4.9	3.7	28.4	4.7	5	5.3	5.5	5.8	6
巷道 5	2.5	2.3	2.2	2	2.4	1.4	1.8	2.1	2.4	2.6	2.9	3.2
巷道 6	4.1	4	3.9	3.6	3.4	3.1	3.5	3.8	4	4.3	4.6	4.8
时间/h	12	13	14	15	16	17	18	19	20	21	22	23
巷道 1	5.2	5.2	5.5	5.6	5.5	5.4	5.2	5.1	4.8	4.6	4.4	4.3
巷道 2	3.9	4	4.2	4.4	4.2	4.2	4	3.8	3.6	3.3	3.2	3
巷道 3	3.8	3.9	4.1	4.3	4.1	4	3.9	3.7	3.5	3.2	3.1	2.9
巷道 4	6.3	6.3	6.6	6.7	6.6	6.5	6.3	6.2	5.9	5.7	5.6	5.4
巷道 5	3.5	3.5	3.8	3.9	3.8	3.7	3.5	3.4	3.1	2.9	2.7	2.5
巷道 6	5.1	5.1	5.4	5.5	5.4	5.3	5.1	5	4.8	4.5	4.4	4.2

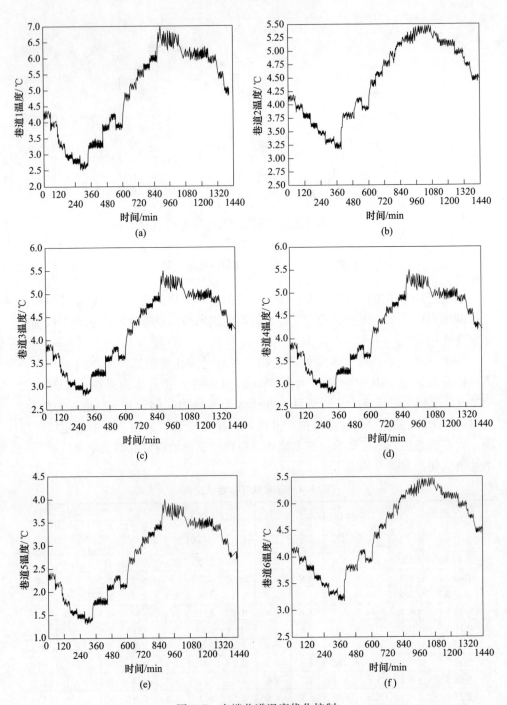

图 7.7　末端巷道温度优化控制

（a）巷道1温度；（b）巷道2温度；（c）巷道3温度；（d）巷道4温度；
（e）巷道5温度；（f）巷道6温度

从末端巷道温度优化控制结果来看，温度的超调和振荡较小，实现了末端巷道温度的稳定控制，并且从实现效果来看，控制温度基本都大于2℃，满足巷道设计温度。

7.2.4 全局优化结果及分析

对 MZG 金矿通风能耗设备进行优化，以热舒适度指标为优化依据，根据各个局部系统的初始设定值，对高海拔矿井通风系统进行优化调节。表7.10所示为采用大系统优化协调理论对 MZG 金矿进行优化前后的设备能耗对比情况，从表中可以看出，实行协调优化控制后系统的能耗由 171.3kW·h 下降到 142.83kW·h，节能效果明显，证明采用高海拔矿井动态送风补偿优化方法可以实现矿井的节能目的。

表 7.10 优化前后系统能耗比较 （kW·h）

状态	暖风机组	热水循环泵	空气处理机组	末端局扇	总能耗
优化前	18	24	76.5	52.8	171.3
优化后	12.48	15	67.95	47.4	142.83

7.3 空气幕调节的 MZG 金矿局部增压仿真

7.3.1 增压调控优化及数值模拟仿真分析

高海拔矿井最大的问题就是低压缺氧，通过对 MZG 金矿现场测定，发现3850m 中段及以下开拓工程掘进工作面压力低，含氧量不能满足要求。主要原因为矿井海拔高度较高，且实际施工中并未设置有效的增压增氧措施，导致井下掘进工作面压力低于正常水平，含氧量偏低。

（1）增压调控优化及数值模拟仿真分析。针对局部工作面氧分压偏低的情况提出井下人工增压增氧的多机空气幕调控模型，以井下3850m 中段为例，具体设置情况如下：

1）在3850m 巷道入口处设置多台风机串联送风，起到增能调节，风机现场布置如图7.8所示，具体的风机设置情况见表7.11。

2）在3850m 中段进口两侧硐室内设置多机并联空气幕引射风流，如图7.9所示，增大作业面局部风量，起到局扇的作用，既不妨碍人员通行，又具有灵活性。

3）在巷道另一侧设置两台与风流反向的并联空气幕起到调节风窗的作用，并保持风量不变，以此增加局部工作面的风压和氧分压。

结合矿井风阻风量及巷道断面积，通过式（5.10）和式（5.11）构建多机并联空气幕模型并进行风机选型，布置及选型结果见表7.12。

图 7.8　增能调节风机

图 7.9　3850m 中段风机

表 7.11　局扇设置情况

风机名称	风机型号	数量/台	风机功率/kW
局扇	JK58-1No. 4. 5	1	11
局扇	JK58-1No. 4	1	5. 5

表 7.12　局部增压空气幕选型

安装位置	型号	出口尺寸	数量/台	叶片角度/(°)	类型
巷道入口	K45-6-No. 11	2.0×0. 45	2	30	引射型
巷道出口	K45-6-No. 12	2.4×0. 39	2	30	增阻型

　　(2) 几何模型的建立与网格划分。首先利用 ANSYS 软件下的 SCDM 模块对几何模型进行创建，为了简化计算将工作面巷道截面设置为 2.5m×2m，长度为 50m，在采掘工作面进口和出口 2m 范围内两侧分别布置引射型和增阻型矿用空气幕，叶片角度设置为 30°。其三维模型如图 7.10 所示。

使用 ANSYS 软件下前处理软件 ICEM CFD 模块对该模型进行网格的预划分，采用结构化网格划分，网格主要采用四边形元素组成，最后通过 File→Mesh→Load from Block 生成正交网格。模型边界条件设定如图 7.11 所示。

图 7.10　掘进巷道三维模型

扫码看彩图

▲ ▮‡ Boundary Conditions
　　▮‡ dao (wall, id=11)
　　▮‡ hangdao-inlet (velocity-inlet, id=5)
　　▮‡ interior-hangdao (interior, id=1)
　　▮‡ kongqimu-inlet1 (velocity-inlet, id...
　　▮‡ kongqimu-inlet2 (velocity-inlet, id...
　　▮‡ kongqimu-inlet3 (velocity-inlet, id...
　　▮‡ kongqimu-inlet4 (velocity-inlet, id...
　　▮‡ outlet (outflow, id=6)

图 7.11　模型边界条件设定

（3）模型边界设置及计算方法选择。边界条件设定：该巷道位于海拔 3850m 处，通过增能调节后，将参考压力设为 67839Pa。对模型设置 8 个边界条件，壁面为无滑移墙壁，巷道进口 velocity-inlet 为速度进口，湍流强度设为 5，初始风速设为 0.17m/s，水力直径为 0.75。巷道内设 4 台空气幕，进口风速设为 30m/s。巷道出口选择 outflow 自由出流。求解方法的设定主要分为 2 部分，第一部分是压力速度耦合的方法，选择基于 SIMPLE 的方法，这种方法适用范围较为广泛，适用于很多工程领域。第二部分是在 Gradient 部分选择基于单元的最小二乘法。压力的插值格式选择二阶可插值格式，该格式用于可压缩气体的流动。松弛因子设为 0.3，残差因子均设为 0.001，即当每条曲线达到 0.001 以下时收敛。

（4）模型后处理与结果分析。对该模型进行初始化计算我们可以得到收敛曲线（见图 7.12），由图 7.11 可知该模型收敛值均在 0.001 以下，满足要求，收敛效果良好。

通过构建空气幕局部增压模型并对其进行数值模拟仿真，可以得到其流线图，如图 7.13 所示，由于空气幕风机引射的风流在巷道入口处与巷道原有风流交汇，造成入口处的风流相对紊乱，但进入工作面后由于空气幕风机的作用，巷道内的风流能够保持平稳的流动，可以解决高海拔地区由于气压低造成的风流紊乱问题。

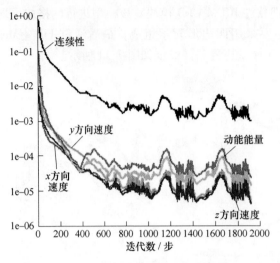

图 7.12　空气幕增压模型收敛曲线

扫码看彩图

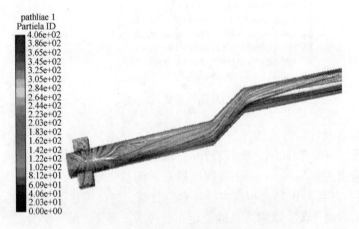

图 7.13　矿用空气幕增压模型流线

扫码看彩图

　　为便于直观的分析数值模拟后采场内流场的速度分布，选取两个纵切面，如图 7.14 所示，出入口处由于空气幕与巷道风流的叠加，速度达到最大值，巷道内部流速较为稳定，达到 1.83m/s，能够满足巷道内排烟排尘的风速要求，调控效果良好。

　　矿用空气幕增压模型压力云图直观的展示了模型数值模拟分析后局部工作面压力的分布情况，如图 7.15 所示巷道入口处云图显示绿色，压力均值为 67936Pa；从距入口 2m 处开始，巷道内气压开始明显增加，呈现黄色，能够达 68273Pa；在巷道出口处，云图呈浅蓝色，压力均值为 67839Pa。在满足巷道风速要求的前提下，增压模型显著提高了工作面的压力值。

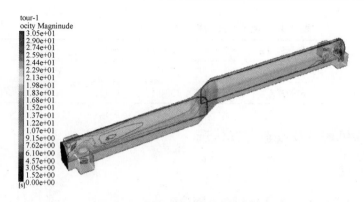

扫码看彩图

图 7.14　空气幕增压模型速度云图

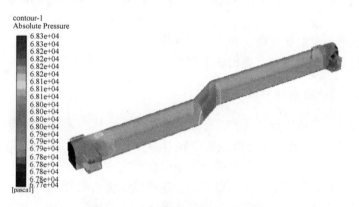

扫码看彩图

图 7.15　空气幕增压模型压力云图

7.3.2　调控效果分析

通过对该金矿井下 3850m 中段作业面进行基于空气幕技术下的增压模型数值模拟仿真，可以得出局部工作面气压由调控前的 63835Pa 增加至 68273Pa，达到了 3000m 海拔的气压值，其调控前后的工作面气压及氧分压情况如表 7.13 所示，能够满足矿井的正常作业要求，作业面的生产效率明显提高。此外，仿真结果与实测值基本相符，实测值见表 7.14。由于巷道内部压力的提高，采空区有害气体的逸出得到明显的改善，调控效果明显，能有效提高生产效率。由风机功率与风压、风量的关系可计算出空气幕风机有效功率为 39.21kW，小于实际风机功率48kW，满足调控要求。

表 7.13　仿真模型调控效果

实施情况	作业面气压/Pa	氧分压/Pa	风量/$m^3 \cdot s^{-1}$
仿真前	63835	12040	3.18
仿真后	68273	14213	8.15

表 7.14　现场实测调控效果

实测值	作业面气压/Pa	氧分压/Pa	风量/$m^3 \cdot s^{-1}$
实施前	63835	12040	3.18
实施后	67973	13840	7.96

7.4　MZG 金矿通风解算及改造方案优选

7.4.1　通风方案的拟定

该矿井目前通风效果较差，主要体现在：随着矿井的向下开拓，目前已经达到 650m，井下形成了多中段、多回风井同时进风回风，井下采空区、废弃巷道较多，使得井下风流难以控制。本研究在对 MZG 金矿通风测定以及现存问题分析的基础上，通过合理的设置通风构筑物，在合理位置布设局扇等调控手段，在对现有通风网络没有大的改变基础上提出 3 个调控改造方案。

7.4.1.1　压抽结合+局扇辅助通风

（1）矿山前期对 M4 矿体进行了开采，形成了较大的采空区。采空区主要分布于 5~4 线南 22m 范围，开采标高自地表 4570m 至 4310m。4397m 水平有大量新鲜风流流失，经分析是由于该中段巷道部分采空区没有完全封堵，同时井下废弃巷道使得部分风流短路，风量不足。所以考虑在造成风流流失的废弃巷道，采空区处安设密闭的风门，减小风流的流失，提高作业面的有效风量。为防止局部风流的短路，在 4350m 水平主巷 1 线附近进风口位置设调节风窗，通过调节重新分配各线路的风量，使风流尽可能多的流至需风巷道及作业面。在 4397m 水平有采空区的地方安设矿用空气幕来阻断循环污风，防止其进入工作面。

（2）随着矿井的深部开采，原有的通风设计已不能满足 3850m 中段的风量需求，此外矿井位于高海拔地区，原设计采用抽出式通风，会降低空气中的氧分压，不利于生产的进行。所以在 4305m 主平硐口安装功率为 90kW 的通风机，进行压入式通风，缓解抽出式通风造成的工作面氧分压过低的现象。此外，由于井下回风线路复杂，通风阻力大，加之高原风机降效问题，有害气体、烟尘等在 3850m 中段集聚，严重影响矿工作业，采用局扇进行辅助通风，使有害气体流至回风井，同时采用能够降低烟尘的湿式凿岩技术，给矿工配备个人防护措施，定期进行风质测定。

（3）4050m 中段以下各水平作业面上新鲜风流明显不足，通过调查发现是由于局扇功率较小造成的，加上 4050m 中段以下各水平通风线路较为复杂，开拓较深，通风阻力较大，所以考虑将 5.5kW 的 JK58-1No.4 局扇换为 11kW 的局扇，同时为克服井下水平巷道过长导致的通风阻力增加，通风困难的情况，设置直径

$\phi=500$mm，PEX矿山专用通风管进行辅助送风。

（4）对增大通风巷道阻力的杂物进行清理，包括影响风流顺畅的废旧机械、井下积水等，此外对于断面较小的巷道进行断面扩大，减小通风阻力，使新鲜风流顺利流至工作面。

7.4.1.2 压抽结合+工作面风流净化可控循环通风

本方案的措施（1）、（3）、（4）同压抽结合+局扇辅助通风方案，措施（2）不同之处是对于井下风量不足以及污风严重问题，提出利用废弃巷道的风流净化可控循环通风方案，该方案利用3900m废弃巷道作为净化巷道，空气幕将3850m污风引射至此巷道进行净化处理，具体的净化原理为洗刷工作面的污风经空气幕引射，一部分经回风井流出，一部分经作业面上一废弃中段的净化装置处理后，经检测装置检测合格后排至用风点进行循环使用。

7.4.1.3 抽出式通风+工作面风流净化可控循环通风

本方案的措施（1）、（3）、（4）同压抽结合+局扇辅助通风方案，措施（2）原抽出式通风方式不变，利用3900m废弃巷道作为净化巷道，空气幕将3850m污风引射至此巷道进行净化处理，具体的净化原理为洗刷工作面的污风经空气幕引射，一部分经回风井流出，一部分经作业面上一废弃中段的净化装置处理后，经检测装置检测合格后排至用风点进行循环使用。

7.4.2 解算结果分析及方案优选

（1）依据MZG金矿现有的通风中段图构建三维通风系统图，将三维的巷道中心线图导入软件并转化为实体巷道，并对线路进行修改及通风参数设定，最终建立MZG金矿三维通风系统仿真模型。MZG金矿通风模拟如图7.16所示。

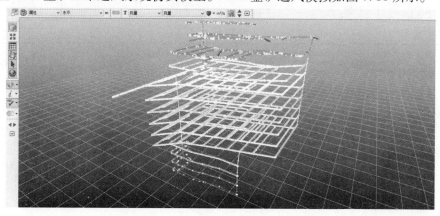

图7.16 MZG金矿三维通风仿真模型

利用 VENTSIM 软件对构建的三个方案进行通风模拟，结合实测数据，从技术指标、经济指标以及定性指标分别对各项评判内容进行汇总分析，如表 7.15~表 7.17 所示。

表 7.15 各方案对应技术指标解算数据

通风方案	局部风量/m³·s⁻¹	风压/Pa	空气含氧量/%	等积孔/m²
方案一	2.5	620.26	17.2	2.6
方案二	3.58	658.13	18.3	3.8
方案三	3.12	546.84	16.8	2.9

本研究的 6 个评价指标属于定性指标，邀请具有现场经验的 3 名通风相关专家按照既定的评分标椎，对每个指标在每个方案中的得分值分别打分，汇总出各专家的评分结果（见附录 1），最后将 3 名专家的打分值加权得到各方案的取值，具体见表 7.17。

表 7.16 各方案对应经济指标费用

通风方案	通风工程费/万元	设备购置费/万元	年运营成本/万元
方案一	240	73	289
方案二	316.2	13.4	104.5
方案三	253	16.7	142

表 7.17 通风方案定性指标得分值

比较指标	风机的稳定性	风流的稳定性	管理难易度	局部风质	抗灾能力
方案一	6.33	5.66	7.33	6.66	6.33
方案二	8.66	8.33	3.33	8.3	8
方案三	7.33	7	4.33	7.66	7.33

（2）方案优选。

1）AHP 主观权值的确定。MZG 金矿的评价指标体系分为目标层-准则层-指标层 3 级，首先是准则层各因素的权重确定，通过构建目标层与准则层的判断矩阵进行求解：

$$P = \begin{bmatrix} 1 & 3 & 1 \\ 1/3 & 1 & 1/5 \\ 1 & 5 & 1 \end{bmatrix}$$

权重采用根值法计算，$M1 = 1 \times 3 \times 1 = 3$，$M2 = 1/3 \times 1 \times 1/5 = 0.067$，$M3 = 1 \times 5 \times$

1=5，进而可求得各指标的归一化权重 $\omega_1 = (0.405,\ 0.114,\ 0.481)$，根据表 7.17 进行一致性检验。

$$PW = \begin{bmatrix} 1 & 3 & 1 \\ 1/3 & 1 & 1/5 \\ 1 & 5 & 1 \end{bmatrix} \times \begin{bmatrix} 0.405 \\ 0.114 \\ 0.481 \end{bmatrix} = \begin{bmatrix} 1.228 \\ 0.345 \\ 1.456 \end{bmatrix}$$

$$\lambda_{max} = \sum_{i=1}^{n} \frac{(AW)_i}{nW_i} = \frac{1.228}{3 \times 0.405} + \frac{0.345}{3 \times 0.114} + \frac{1.456}{3 \times 0.481} = 3.029$$

$$CI = \frac{\lambda_{max} - n}{n - 1} = \frac{3.029 - 3}{2} = 0.015$$

由表 6.2 可知，$RI = 0.59$，所以，

$$CR = \frac{CI}{RI} = \frac{0.015}{0.59} = 0.025 < 0.01$$

通过一致性检验。

同理可得各指标层权值：

$$P - A_1 = \begin{bmatrix} 1 & 3 & 1 & 3 \\ 1/3 & 1 & 1/3 & 3 \\ 1 & 3 & 1 & 5 \\ 1/3 & 1/3 & 1/5 & 1 \end{bmatrix}$$

计算其权重：

$\omega_2 = \begin{bmatrix} 0.357 & 0.157 & 0.406 & 0.080 \end{bmatrix}, \lambda_{max} = 4.115, CI = 0.038, CR = 0.048$。

$$P - A_2 = \begin{bmatrix} 1 & 1/3 & 1/5 \\ 3 & 1 & 1/3 \\ 5 & 3 & 1 \end{bmatrix}$$

计算其权重：

$\omega_3 = \begin{bmatrix} 0.105 & 0.258 & 0.637 \end{bmatrix}, \lambda_{max} = 3.039, CI = 0.038, CR = 0.048$。

$$P - A_3 = \begin{bmatrix} 1 & 1 & 5 & 3 & 3 \\ 1 & 1 & 3 & 1 & 3 \\ 1/5 & 1/3 & 1 & 1/3 & 1/3 \\ 1/3 & 1 & 3 & 1 & 1 \\ 1/3 & 1/3 & 3 & 1 & 1 \end{bmatrix}$$

计算其权重：

$\omega_4 = \begin{bmatrix} 0.365 & 0.264 & 0.064 & 0.170 & 0.137 \end{bmatrix}, \lambda_{max} = 5.185, CI = 0.046, CR = 0.041$。

根据计算的各准则层权重以及指标因素权值可得各指标加权后的主观权值，如表 7.18 所示。

表 7.18 各评价指标主观权值

指标	a_1	a_2	a_3	a_4	a_5	a_6	a_7	a_8	a_9	a_{10}	a_{11}	a_{12}
P_1 0.405	0.357	0.157	0.406	0.080								
P_2 0.114					0.105	0.258	0.637					
P_3 0.481								0.365	0.264	0.064	0.170	0.137
主观权值 ε	0.145	0.064	0.165	0.032	0.012	0.029	0.073	0.175	0.127	0.031	0.082	0.066

2）熵权法客观权值的确定。本研究结合矿井现场测定及 VENTSIM 软件对各方案的模拟结果作为评价指标的实际数据，通过解算数据构成的判断矩阵进行指标权重的确定，仿真软件对各方案解算汇总如表 7.19 所示。

表 7.19 各方案仿真模拟数据

准则	指标	方案一	方案二	方案三	指标性质
技术	局部风量/$m^3 \cdot s^{-1}$	2.5	3.58	3.12	收益性指标
	局部风压/Pa	620.26	658.13	546.84	收益性指标
	空气含氧量/%	17.2	18.3	16.8	收益性指标
	等积孔/m^2	2.6	3.8	2.9	收益性指标
经济	通风工程费/万元	240	316.2	253	消耗性指标
	设备购置费用/万元	73	13.4	16.7	消耗性指标
	年运营成本/万元	289	104.5	142	消耗性指标
安全	风机运转稳定性	6.26	8.61	7.2	消耗性指标
	用风点风流稳定性	5.8	8.31	7.28	消耗性指标
	通风系统管理困难度	7.29	3.59	4.58	消耗性指标
	局部风质	7.15	8.3	8.14	收益性指标
	通风系统抗灾能力	6.36	8.12	7.46	消耗性指标

根据前述对熵权法确定指标权重的步骤以及模拟结果对决策矩阵进行归一化处理后为：

$$A = \begin{bmatrix} 0 & 0.397 & 0.211 & 0 & 0.547 & 0 & 0 & 0 & 0 & 0 & 0 & 0 \\ 0.635 & 0.603 & 0.789 & 0.8 & 0 & 0.514 & 0.557 & 0.714 & 0.629 & 0.577 & 0.536 & 0.615 \\ 0.365 & 0 & 0 & 0.2 & 0.453 & 0.486 & 0.443 & 0.286 & 0.371 & 0.423 & 0.464 & 0.385 \end{bmatrix}$$

进而，可得各指标的熵值：

$f_j = [\,0.597 \quad 0.612 \quad 0.468 \quad 0.455 \quad 0.627 \quad 0.631 \quad 0.625 \quad 0.545 \quad 0.6 \quad 0.620 \quad 0.629 \quad 0.606\,]$

评价指标的客观权重：

$\theta_j = [\,0.081 \quad 0.078 \quad 0.107 \quad 0.109 \quad 0.075 \quad 0.074 \quad 0.075 \quad 0.091 \quad 0.080 \quad 0.076 \quad 0.075 \quad 0.079\,]$

3）各指标组合权值的确定。根据前面算出的主观权值以及客观权值，计算权值组合：

$$S_j = \frac{\varepsilon_j \theta_j}{\sum\limits_{j=1}^{n} \varepsilon_j \theta_j}$$

可得指标最终权值为：

S_j = [0.136　0.058　0.204　0.041　0.010　0.025　0.063　0.186　0.118　0.027　0.071　0.060]

4）基于组合赋权——TOPSIS 分析的 MZG 金矿通风方案优选。

①通过式（6.12）~式（6.15）可得到 TOPSIS 模型的标准化决策矩阵：

$$P = \begin{bmatrix} 0 & 0.660 & 0.267 & 0 & 1 & 0 & 0 & 0 & 0 & 0 & 0 & 0 \\ 1 & 1 & 1 & 1 & 0 & 1 & 1 & 1 & 1 & 1 & 1 & 1 \\ 0.574 & 0 & 0 & 0.250 & 0.829 & 0.945 & 0.797 & 0.400 & 0.590 & 0.732 & 0.867 & 0.625 \end{bmatrix}$$

②将矩阵 P 的指标列与组合权值分别相乘得到加权后的决策矩阵：

$$R = [r_{ij}] =$$

$$\begin{bmatrix} 0 & 0.038 & 0.054 & 0 & 0.01 & 0 & 0 & 0 & 0 & 0 & 0 & 0 \\ 0.137 & 0.058 & 0.204 & 0.041 & 0 & 0.025 & 0.063 & 0.186 & 0.118 & 0.027 & 0.071 & 0.060 \\ 0.078 & 0 & 0 & 0.01 & 0.009 & 0.024 & 0.051 & 0.074 & 0.07 & 0.02 & 0.061 & 0.038 \end{bmatrix}$$

由此得出评判对象的正负理想解：

R^+ = [0.137　0.058　0.204　0.041　0　0　0　0.186　0.118　0　0.071　0.060]

R^- = [0　0　0　0　0.01　0.025　0.063　0　0　0.027　0　0]

③各方案的贴近度计算。根据式（6.16）和式（6.17）可得到各方案的贴近度，如表 7.20 所示。

表 7.20　各方案贴近度值

内容	方案一	方案二	方案三
与正理想解的距离 d^+	0.317	0.073	0.261
与负理想解的距离 d^-	0.099	0.325	0.148
贴近度 C_i^+	0.237	0.817	0.362

贴近度的值反映了拟定方案与理想方案的契合度，由表 7.20 可知各方案的综合优越度为 23.7%、81.7%、36.2%，即方案排序为方案二>方案三>方案一，故选择方案二，采用压抽结合+工作面风流净化可控循环通风对 MZG 金矿进行通风优化。

7.5　调控效果评价及管控建议

7.5.1　通风评价效果

通过组合赋权——TOPSIS 方案优选模型结合矿井实际，确定采取方案二对 MZG 金矿进行通风改造。

改造方案实施后井下各评价指标均有了较大改善，风质风量均达到井下生产基本需要，此外结合构建的增压模型，井下局部压力也有了提高，提高了含氧量，有较好的调控效果。矿井通风系统各项指标优化后效果如表 7.21 所示。

表 7.21　矿井通风系统各项指标优化后效果

评价项目	优化前	优化后	合格率
风质	68%	91%	≥90%
风量	46%	70%	≥65%
有效风量	47%	69%	≥60%
风量供需比	1.15	1.41	1.32~1.67

由表 7.21 可知方案的实施能显著提高矿井的风量，改善矿井局部风质。对于高海拔矿井采取抽压结合的通风方式可以有效提高井下风量。高海拔矿井井下通风网络复杂，加之海拔因素造成风机降效，存在一定的风量不足，风质不良问题，废弃巷道利用的风流净化可控循环通风技术既能提高井下风量，也能改善井下风质。

7.5.2　通风管控建议

（1）技术管理。按照设计建造通风系统后，为了达到高海拔矿井良好的通风效果，首先要解决系统顺利运行调试以及系统之间的协调问题。对于主进风井巷道的地面标高在 1500m 以上的矿井，应将标高因素考虑在通风计算内。高海拔矿井海拔系数为小于 1 的常数，它考虑了海拔因素对空气特性的影响，在进行井下风量、摩擦阻力系数以及风阻计算时都需要将海拔高度系数考虑进去。

高海拔矿井具有复杂的地质构造并且矿区地势陡峭，形成了通风系统进出风口较多的特定条件。高海拔矿井井下风压普遍较低，大多在 1500~2000Pa，为使地下空气密度有所增加可采用压入式通风，扇风机形成的井下正压等效降低了矿井的海拔高度的影响。此外高海拔矿井的地表温度低，在通风设计时可以利用自然风压提高通风动力。选择矿井通风系统时，应考虑通风管理是否方便，可优先考虑多区域通风、低风压通风等技术手段；合理布局主扇位置，减小井下漏风量，提高矿井的有效风量。

（2）组织管理。在高海拔矿井通风系统管理中，矿井安全的威胁主要体现在两个方面：一是井下通风中风源和风质对劳动生产的影响；二是井下低压缺氧的环境状态对矿工生理健康的威胁。也正因如此，高海拔矿井作业人员需要克服并适应高海拔地区恶劣的环境。而对于高海拔矿井的管理也比平原矿井有了更多的要求，加强井下通风管理目的是保证井下具有良好的工作环境，要从井下安全生产的角度考虑，提高企业的管理水平。通过对高海拔地区的调研及相关文献分析研究，提出建立和健全高海拔矿井通风调控制度。

1）局部通风管理制度建立。当井下巷道气压和风量不能满足矿井生产安全时，就要考虑进行局部通风。需要注意的是：①通风机的安装和使用应符合国家井下通风相关标准并结合高海拔实际进行选取。②局部通风机应派相应的管理人员进行专门管理，附近不得随意堆放杂物，要保证其能安全可靠的运行。③回风巷不得安装局扇，且局扇距回风风流不得过近。④在进行掘进作业时，局扇不得无故停止。

2）通风构筑物管理维护。通风构筑物是通风系统的重要组成，应派专人进行检查维护，保证其能够正常发挥作用，同时通风构筑物的维护管理要派专人进行，并将其纳入考评考核制度。

3）通风调度制度的建立。高海拔矿井通风技术人员的数量应满足井下需要并具备一定的高海拔理论知识，要设置专门的调度室，以便及时进行通风调控及管理。

4）合理配置调控仪器。井下通风相关仪器要足额足量配备，与平原矿井不同，高海拔矿井除配备常用的仪器外，还要有一定数量的井下含氧量监测仪以及自救装置。井下通风设备要专人管理，禁止其他人员随意开启。

5）高海拔矿井通风发展规划制度的建立。对于高海拔矿井的管理要有长远规划，制定相应的规划制度，要结合高海拔地区环境特性制定通风增压、增氧措施，确保矿井通风安全。此外通风系统是一个动态控制的过程，需要根据实际情况适时对通风系统进行调整。

7.6 本章小结

本章以 MZG 金矿为例，对高海拔矿井动态送风补偿局部及全局进行优化，确立了优化目标函数，使系统在满足末端巷道舒适度的前提下达到系统能耗最小。比较各设备优化前后的能耗后可以看出，采用动态补偿方法调控矿井通风可以实现较可观的节能目的。

此外，针对 MZG 金矿局部工作面存在的低压问题，在对前面章节高海拔地区低压环境特性分析及传统矿用空气幕理论分析的基础上，根据多功能矿用空气幕联合增压模型，借助有限元仿真软件 FLUENT 对井下局部工作面进行了数值模拟。模拟结果表明：采用基于空气幕的增压增氧调控技术可使巷道作业面绝对气压由 63835Pa 增加至 68273Pa，氧分压从 12040Pa 提高至 14213Pa，达到海拔3000m 的水平。同时针对该矿井存在的由高原降效造成的井下风量不足和风质差等问题，设计了 3 个通风方案，通过组合赋权——TOPSIS 优选模型选出了最佳调控方案，方案的实施表明井下的有效风量，局部风质都有了极大改善。

8 结论与展望

<<<<<<<<<<<<<<<<<<<<<<<<<<<<<<<<<<<<<<<<<<<<<<<<<<<<<<<<<<<<<<<<<<<<

8.1 结论

我国西部高海拔地区矿产资源储量丰富，并且种类很多，充分开发利用有利于我国经济的发展。但高海拔矿井由于受到海拔因素的影响，存在低压缺氧，通风机降效等问题。本书应用动态送风补偿理论及空气幕模型，从高海拔矿井通风特性分析、高海拔矿井动态送风补偿优化理论与调控方法、高海拔矿井动态送风补偿系统优化模型、高海拔矿井空气幕局部增压模型、高海拔矿井通风调控方案设计及优选以及实例分析等方面展开研究。

（1）对高海拔矿井通风系统特点进行分析，得出高海拔矿井通风困难的产生原因主要体现在空气性质、矿工生理以及通风设备上；对传统通风方式进行分析，表明不同的通风方式均有不同的适用范围。对于高海拔矿井，压抽结合的通风方式可以起到较好的效果，既能增加井下风量，又可以起到增压的效果。

（2）基于高海拔矿井通风设备负荷预测模型，将带惯性权重的粒子群 PID 参数整定法（CPSO-PID）与大系统"分解-协调"理论相结合，建立高海拔矿井动态送风补偿优化方法。建立了高海拔矿井通风设备负荷预测模型，为高海拔矿井动态送风补偿优化方法提供依据。以热舒适值为控制指标，建立了带惯性权重的粒子群 PID（CPSO-PID）参数整定方法，对各局部系统的优化参数进行统一整定并建立动态送风补偿仿真模型。结果表明：使用 CPSO-PID 参数整定方法不但使系统的超调量减小了，而且加快了收敛速度，控制系统的性能得到了明显的提高。利用大系统"分解-协调"理论建立起高海拔矿井通风系统递阶结构模型，并采用最小二乘法对系统进行辨识，为建立全局优化模型奠定基础。

（3）构建了末端动态送风补偿策略。根据 MZG 金矿的气象参数信息计算井上逐时热舒适度，生成井上逐时热舒适度曲线控制图，并改变相关参数拟合生成井下仿自然热环境控制曲线，实时反映井下作业人员的热舒适感变化情况。研究表明：优化后井下热舒适度在 0：00~12：00 及 18：00~0：00 为中性，12：00~18：00 为稍暖；优化后的井下热舒适指标接近人体热舒适感的最优值。采用 CFD 技术对末端巷道进行数值模拟，比较 3 个阶梯高度的舒适度情况，得出在 $x = 1m$，$y = 16m$ 处人体热舒适度较低，在进行动态通风调控时，基于该巷道段取值可保证井下大多数施工作业点处于热舒适度最佳状态。在满足确定的热舒适优化指标约束的前提下寻求尽可能接近矿井作业人员的等效热舒适值，进而寻优得到温度、湿度、风速等参数的设定值，结合 CFD 温度场与风速场信息构建高海拔矿井动态送风补偿策略。

（4）根据提出的空气幕局部增压模型，对青海某金矿井下 3850m 中段掘进工作面局部进行调控，并利用有限元分析软件 FLUENT 对调控效果进行模拟。该调控模型的应用使掘进巷道内风流稳定，满足对排尘排烟的最低风速要求。

（5）将组合赋权法引入高海拔矿井评价指标权重的确定上，评价既考虑了客观数据的赋权，也考虑了专家的丰富经验，具有一定的合理性。通过组合赋权——TOPSIS 评价模型优选出的评价方案采用压抽结合以及风流净化的可控循环通风方案能显著改善高海拔矿井的风量以及风质。

（6）以 MZG 金矿为例，利用大系统关联预测法，建立高海拔矿井动态送风补偿优化模型，对 MZG 金矿通风设备的能耗进行优化控制，优化后系统能耗由 171.3kW·h 下降到 142.83kW·h，结果验证了高海拔矿井动态送风补偿优化方法节能效果显著。利用空气幕调节 MZG 金矿局部通风系统，经调控后，矿井下 3850m 中段局部工作面的绝对气压由 63835Pa 升高至 68273Pa，达到了海拔 3000m 处的气压水平，氧分压也随之提高至 14213Pa，能够满足矿工对氧气的需求量，提高了生产效率。对 MZG 金矿的方案实施表明：局部风量由优化前的 46% 提高至 70%，局部风质也从 68% 提高至 91%，优化效果显著。

8.2　展望

本书基于热舒适理论建立了高海拔矿井动态送风补偿策略，基于大系统理论及 PID 控制理论设计了高海拔矿井动态送风补偿优化方法，可以为高海拔矿井的动态送风研究提供一定的理论基础，同时分析了海拔因素对矿井通风的影响，并对高海拔矿井适宜通风方式进行了分析，在对 MZG 金矿通风测评的基础上提出了相应的优化措施。但是由于作者实践经验和科研水平的限制，本研究还存在一些不足：

（1）高海拔矿井动态送风补偿模型的建立，在数据整合方面只作了初步探讨，仅对于 MZG 金矿通风系统进行了研究，动态送风补偿的评价指标适用性有限，后续研究可不断增加数据库，使动态送风补偿评价指标更精确，适用性更强。

（2）利用 CPSO-PID 进行局部舒适度优化控制只考虑了温度和风量作为控制参数外，后续研究还可考虑更多的参数，如湿度、新陈代谢量等。

（3）由于 MZG 金矿通风中段较多且通风线路长，采集到的数据不够全面，在进行 VENTSIM 通风软件解算时可能与实际情况存在误差。所以在进行数据收集时要做到全面。

（4）基于空气幕调控技术构建的局部增压模型对矿井局部作业面有一定的增压效果，但矿井全局依然存在低压缺氧问题，可以考虑结合其他增氧手段提高矿井的含氧量。

附　　录

《《《

附录1　通风定性指标评分表数据

附表1.1　方案一定性指标值专家评分值

评价指标	通风机稳定性	风流稳定性	管理难易度	局部风质	系统抗灾能力
专家一	7	6	7	7	6
专家二	6	5	8	7	6
专家三	6	6	7	6	7

附表1.2　方案二定性指标值专家评分值

评价指标	通风机稳定性	风流稳定性	管理难易度	局部风质	通风系统抗灾力
专家一	8	9	3	8	7
专家二	9	8	4	8	8
专家三	9	8	3	9	9

附表1.3　方案三定性指标值专家评分值

评价指标	通风机稳定性	风流稳定性	管理难易度	局部风质	通风系统抗灾力
专家一	7	8	5	9	7
专家二	7	6	3	8	8
专家三	8	7	5	6	7

附录2　1号回风井困难情况下通风阻力计算

项目	巷道名称	支护方式	摩擦阻力系数 α	巷道周长 /m P	巷道长度 /m L	断面面积 S/m^2	S^3/m^6	风量 $Q/m^3 \cdot s^{-1}$	$Q^2/m^6 \cdot s^{-2}$	负压/Pa H	风速 /m·s⁻¹ v
1	4305m主平硐	局支	0.015	9.04	420	12.21	1820.32	14.82	219.63	8.05	1.21
2	人行天井	不支	0.02	8	28	4	64.00	1.5	2.25	0.16	0.38
3	采场		0.035	9	50	5	125.00	1.5	2.25	0.28	0.30
4	采场另一侧天井	不支	0.02	8	27	4	64.00	1.5	2.25	0.15	0.38
5	4345m中段回风巷	局支	0.018	9.04	79	5.6	175.62	20.01	400.40	53.79	3.57
6	1号回风井（4345~4500m）	喷混凝土	0.02	10	103	6	216.00	20.01	400.40	38.19	3.34
7	4500m回风平巷	喷混凝土	0.018	9.04	120	5.6	175.62	20.01	400.40	44.52	3.57
小计										145.14	
局部阻力（20%）										29.03	
合计										174.17	
高海拔矿井总阻力（海拔高度系数0.641）										111.64	

附录3　2号回风井困难情况下通风阻力计算

项目	巷道名称	支护方式	摩擦阻力系数 α	巷道周长 P /m	巷道长度 L /m	断面面积 S/m²	S³/m⁶	风量 Q/m³·s⁻¹	Q²/m⁶·s⁻²	负压 H/Pa	风速 v /m·s⁻¹
1	4305m主平硐	喷混凝土、砌混凝土	0.015	13.35	280	12.21	1820.32	30.7	942.49	29.03	2.51
2	竖井(4305~3850m)	砌混凝土	0.03	18.85	507	28.27	22593.18	30.7	942.49	11.96	1.09
3	3850m中段平巷	局支	0.015	9.04	358	5.6	175.62	8.2	67.24	18.59	1.46
4	人行天井	不支	0.035	8	28	4	64.00	1.5	2.25	0.28	0.38
5	采场		0.02	9	50	5	125.00	1.5	2.25	0.16	0.30
6	采场另一侧天井	不支	0.02	8	27	4	64.00	1.5	2.25	0.15	0.38
7	3900m中段回风巷	局支	0.012	9.04	138	5.6	175.62	38.84	1508.55	128.59	6.94
8	3号回风井(3900~4050m)	喷混凝土	0.01	10	152	6	216.00	38.84	1508.55	106.16	6.47
9	4050m中段回风巷	喷混凝土	0.012	9.04	225	5.6	175.62	38.84	1508.55	209.67	6.94
10	2号回风井(4050~4450m)	喷混凝土	0.01	10	402	6	216.00	38.84	1508.55	280.76	6.47
11	4450m回风平巷	喷混凝土、砌混凝土	0.012	9.04	48	5.6	175.62	38.84	1508.55	54.05	13.08
小计										839.39	
局部阻力(20%)										167.88	
合计										1007.27	
高海拔高度阻力(海拔高度系数0.641)										645.66	

参 考 文 献

［1］高俊，王海宁．高寒地区矿井通风研究现状［J］．化工矿物与加工，2019，48（12）：13～17．

［2］陆智平，李熙鑫，宋顺昌．柴达木循环经济试验区矿产资源节约与综合利用的初步研究［J］．中国矿业，2011，20（07）：74～77．

［3］聂兴信，魏小宾．基于矿井水源的井下降温技术应用［J］．有色金属工程，2018，8（04）：116～121．

［4］方群英．国外矿产资源综合利用概况［J］．矿产综合利用，2015（1）：62～75．

［5］梁中宝．我国土地知多少［J］．广西林业，2015（1）：45．

［6］吴峻民．青海省娘姆特煤矿高寒地区压入式通风系统的设计与探讨［J］．甘肃科技，2017，33（19）：57～59，117．

［7］贾进彪，谭允祯，程高峰，等．高压气幕风速的试验研究［J］．煤矿安全，2010，41（08）：6～8．

［8］杨均．简述 VENTSIM 下的高原矿井通风系统优化［J］．中华建设，2018（02）：142～143．

［9］王瑜敏，黄玉诚．高海拔矿井风机通风降效特征的研究［J］．金属矿山，2020，（02）：194～198．

［10］程高峰，谭允祯，郝迎格，等．高压气幕喷孔风速的数值模拟及应用［J］．煤矿安全，2010，41（09）：15～17，24．

［11］王海宁，熊正明．矿井风流空气幕控制技术的研究进展［J］．采矿技术，2008（04）：91～92，102．

［12］Taylor Andrew T. High-altitude illnesses: physiology, risk factors, prevention, and treatment［J］. Rambam Maimonides medical journal, 2011, 2（1）．

［13］Chen Kaiyan, Si Junhong. Optimization of air quantity regulation in mine ventilation networks using the improved differential evolution algorithm and critical path method［J］. International Journal of Mining Science and Technology, 2015, 25（1）．

［14］Arnab Chatterjee, Zhang Lijun, Xia Xiaohua. Optimization of mine ventilation fan speeds according to ventilation on demand and time of use tariff［J］. Applied Energy, 2015, 146．

［15］Orr Jeremy E, Djokic Matea. Adaptive servoventilation as treatment for central sleep apnea due to high-altitude periodic breathing in nonacclimatized healthy individuals［J］. High altitude medicine & amp; biology, 2018．

［16］Burtscher Martin. Physiological responses in humans acutely exposed to high altitude: Minute ventilation and oxygenation are predictive for the development of acute mountain sickness［J］. High altitude medicine, 2019．

［17］Mbuya Mukombo Jr, Maneno Kanyanduru E, Ngoy Kisumpa M, et al. Optimizatal research of ventsim software 4.8.6.1 lower ventilation loop: Application in jinsenda mine［J］. 2020, 3（3）．

［18］尹玉鹏．高原矿井通风设备参数修正计算模型的研究［C］//中国职业安全健康协会，2008 年学术年会论文集．2008：246～250．

［19］王洪梁，辛嵩．人工增压技术的高海拔矿井通风系统［J］．黑龙江科技学院学报，2009，

19（06）：447~450.

[20] 崔延红，辛嵩，尹玉鹏．高原矿井补氧方式研究［J］．煤矿安全，2010，41（02）：49~52.

[21] 李爱文，蔡建华，黄寿元．甘南高原矿井压入式通风系统设计［J］．现代矿业，2014，30（10）：119~120.

[22] 龚剑，胡乃联，林荣汉，等．掘进巷道压入式通风粉尘运移规律数值模拟［J］．有色金属（矿山部分），2015，67（01）：65~68.

[23] 崔翔，李国清，龚剑，等．高海拔矿山掘进工作面尾气运移规律数值模拟［J］．安全与环境学报，2016，16（04）：155~159.

[24] 李国清，张亚明，龚剑，等．高原矿井增压通风研究［J］．金属矿山，2017（02）：151~156.

[25] 林荣汉，李国清，胡乃联，等．高海拔掘进巷道混合式通风参数优化［J］．中国矿业，2017，26（04）：121~125.

[26] 辛嵩，倪冠华，杨文宇，等．因果原理的内涵及其高原矿井通风案例分析［J］．教育教学论坛，2019（03）：76~77.

[27] 聂兴信，张书读，冯珊珊，等．高海拔矿井掘进工作面局部增压的空气幕调控仿真研究［J］．安全与环境学报，2020，20（01）：122~130.

[28] 胡松涛，辛岳芝，刘国丹，等．高原低气压环境对人体热舒适性影响的研究初探［J］．暖通空调，2009，39（07）：18~21，47.

[29] 闫海燕，李洪瑞，陈静，等．高原气候对人体热适应的影响研究［J］．建筑科学，2017，33（08）：29~34.

[30] 王烨，夏昕彤，闫若文，等．高原列车冬季运行时车内速度场和温度场的数值分析［J］．铁道学报，2018，40（05）：38~44.

[31] Xiao Chen, Qian Wang, Jelena Srebric. A data-driven state-space model of indoor thermal sensation using occupant feedback for low-energy buildings ［J］. Energy and Buildings, 2015, 91: 187~198.

[32] Nor Dina Md Amin, Zainal Abidin Akasah, Wahid Razzaly. Architectural evaluation of thermal comfort: Sick building syndrome symptoms in engineering education laboratories ［J］. Procedia Social and Behavioral Sciences, 2015, 204: 19~28.

[33] Muhammad Waqas Khan, Mohammad Ahmad Choudhry, Muhammad Zeeshan, et al. Adaptive fuzzy multivariable controller design based on genetic algorithm for an air handling unit ［J］. Energy, 2015, 81: 477~488.

[34] Miloš S Stanković, Srdjan S Stanković, Dušan M Stipanović. Consensus-based decentralized real-time identification of large-scale systems ［J］. Automatica, 2015, 60: 219~226.

[35] Chen X, Wang Q, Srebri J. Occupant feedback based model predictive control for thermal comfort and energy optimization: A chamber experimental evaluation ［J］. Applied Energy, 2016, 164: 341~351.

[36] Mehdi Shahrestani. A fuzzy multiple attribute decision making tool for systems selection with considering the future probabilistic climate changes and electricity decarbonisation plans in the UK

[J]. Energy and Buildings, 2018, 159: 394~418.

[37] 孙淑凤，赵荣义，许为全，等. 动态空调策略研究 [J]. 制冷与空调，2003, 3 (6): 27~32.

[38] Zhang Yufeng, Zhao Rongyi. Relationship between thermal sensation and comfort in non-uniform and dynamic environments [J]. Building and Environment, 2008, 44 (7): 1386~1391.

[39] 张豫华，万百五，韩崇昭. 大工业过程稳态优化的模糊双迭代法 [J]. 控制理论与应用，2008, 25 (6): 1032~1036.

[40] 李少远. 工业过程系统的预测控制 [J]. 控制工程，2010, 17 (04): 407~415.

[41] 王建玉，任庆昌. 基于协调的变风量空调系统分布式预测控制 [J]. 信息与控制，2010, 39 (5): 651~656.

[42] 李慧，张庆范，段培永. 基于用户学习的智能动态热舒适控制系统 [J]. 四川大学学报（工程科学版），2011, 43 (02): 128~135.

[43] 段培永，刘聪聪，段晨旭，等. 基于粒子群优化的室内动态热舒适度控制方法 [J]. 信息与控制，2013, 42 (1): 100~110.

[44] 罗茂辉，余娟，杨月婷，等. 等温工况下分体空调送风动态化与人体热舒适实验研究 [J]. 暖通空调，2014, 44 (5): 130~134.

[45] 杨振中，费锦学，宋德，等. 仿自然风对模拟失重体温调节反应的影响 [J]. 载人航天，2015, 21 (04): 392~397.

[46] Yu W, Li B Z, Jia H Y, et al. Application of multi-objective genetic algorithm to optimize energy efficiency and thermal comfort in building design [J]. Energy and Buildings, 2015, 88: 135~143.

[47] Liu H, Wu Y X, Li B Z, et al. Seasonal variation of thermal sensations in residential buildings in the Hot Summer and Cold Winter zone of China [J]. Energy and Buildings, 2017, 140: 9~18.

[48] 余娟，杨月婷，罗茂辉，等. 偏热环境下空调非等温可感送风对人体热舒适影响的实验研究 [J]. 暖通空调，2015, 45 (4): 116~119.

[49] Ji Wenjie, Cao Bin, Yang Geng, et al. Study on human skin temperature and thermal evaluation in step change conditions: From non-neutrality to neutrality [J]. Energy and Buildings, 2017, 156.

[50] 胡汉华，杨国增. 矿井通风网络复杂度与风机控制力量化计算 [J]. 中国安全生产科学技术，2014, 10 (07): 152~157.

[51] 王从陆，吴超，王卫军. Lyapounov 理论在矿井通风系统稳定性分析中的应用 [J]. 中国安全生产科学技术，2005 (04): 46~49.

[52] 张勇，华安增. 基于信息扩散理论的隧道系统动态稳定性分析 [J]. 中国矿业大学学报，2003 (03): 54~57.

[53] 白鹏. 矿山井下通风自动化的改造 [J]. 科技资讯，2017, 15 (11): 59~60.

[54] 王正义，窦林名，王桂峰，等. 锚固巷道围岩结构动态响应规律研究 [J]. 中国矿业大学学报，2016, 45 (06): 1132~1140.

[55] 宋泽阳，李学创，齐文宇，等. 矿井通风系统稳定性定量判定方法研究 [J]. 中国安全

科学学报, 2011, 21 (09): 119~124.

[56] 兰尧, 陈亚运. 角联巷道风流稳定性分析及危险性探讨 [J]. 煤炭技术, 2012, 31 (01): 244~246.

[57] 孙信义. 试论压入式通风在高海拔矿井中的应用 [J]. 煤炭工程, 2004 (03): 35~39.

[58] 李琦, 王峰, 王明年. 高海拔环境对施工设备机械效率的影响研究 [J]. 铁道科学与工程学报, 2017, 14 (09): 1974~1982.

[59] 王耀, 高菊茹, 张博. 高海拔隧道施工机械尾气排放影响及减排措施研究 [J]. 隧道建设, 2016, 36 (06): 717~720.

[60] 龚剑, 胡乃联, 崔翔, 等. 高海拔矿山掘进通风方式优选 [J]. 科技导报, 2015, 33 (04): 56~60.

[61] 姜勇国. 谈局部通风方法 [J]. 煤炭技术, 2008 (07): 115.

[62] 张玉伟, 谢永利, 赖金星, 等. 压入式通风模式下高原隧道有害气体分布特征研究[J]. 铁道科学与工程学报, 2016, 13 (10): 1994~2000.

[63] 刘好德, 安健, 杜荣华. 城市交通出行中的热舒适问题探讨 [J]. 公路与汽运, 2011 (04): 55~61.

[64] 张曦月, 姜超, 孙建新, 等. 气候舒适度在不同海拔的时空变化特征及其影响因素[J]. 应用生态学报, 2018, 29 (09): 2808~2818.

[65] Tyler Hoyt, Stefano Schiavon, Federico Tartarini, et al. 2019, CBE Thermal Comfort Tool. Center for the Built Environment, University of California Berkeley.

[66] de Souza Granja Barros Juliana, Rossi Luiz Antonio, Sartor Karina. PID temperature controller in pig nursery: improvements in performance, thermal comfort and electricity use [J]. International journal of biometeorology, 2016, 60 (8): 1271~1277.

[67] 郭彤颖, 陈露. 基于鸟群算法优化 BP 神经网络的热舒适度预测 [J]. 计算机系统应用, 2018, 27 (04): 162~166.

[68] 赵敏华, 苏蕤, 徐立先. 基于 PSO-SVM 的 PMV 指标预测系统研究 [J]. 建筑热能通风空调, 2015, 34 (03): 73~76.

[69] 何楚瑶, 王忠庆. 基于 PID 的温度控制系统的设计 [J]. 电子世界, 2014 (01): 38~39.

[70] 任志斌, 王业占, 梁建伟. 基于粒子群优化设计的直流无刷电机控制系统研制 [J]. 微电机, 2011, 44 (08): 64~66, 81.

[71] 谢健锋, 姜水生, 谢宗让. 基于 AVL FIRE 柴油机燃用生物柴油的数值模拟 [J]. 南昌大学学报 (工科版), 2015, 37 (02): 151~154.

[72] 杨世忠, 任庆昌. 基于空调大系统优化的冷却水系统能耗仿真 [J]. 计算机仿真, 2016, 33 (01): 348~352.

[73] 白燕, 任庆昌. 变风量空调送风静压控制仿真研究 [J]. 计算机仿真, 2017, 34 (04): 292~297.

[74] 蒋红梅, 李战明, 唐伟强, 等. 变风量空调系统的优化控制研究 [J]. 暖通空调, 2016, 46 (03): 84~88.

[75] 冯增喜, 任庆昌. 基于动态组合残差修正的预测方法 [J]. 系统工程理论与实践, 2017,

37 （07）：1884~1891.

［76］钱富才，刘丁. 稳态大系统中关联预测法的改进［J］. 西安理工大学学报，2000（01）：9~13.

［77］徐言生，余华明，李锡宇，等. 空气源热泵热水器变工况性能模型［J］. 顺德职业技术学院学报，2013，11（01）：15~18.

［78］叶军. 基于模拟正交神经网络的电热干燥器温度控制［J］. 农业工程学报，2005（10）：105~108.

［79］白燕，任庆昌，吕晶. 基于 NN-PID 算法的变风量空调系统空气品质控制［J］. 西北大学学报（自然科学版），2012，42（04）：557~562.

［80］王修岩，张革文，周琛，等. 基于大系统理论飞机地面专用空调优化控制［J］. 系统仿真学报，2019，31（06）：1239~1248.

［81］NISHI Y，GAGGE A P. Direct evaluation of convective heat transfer confficient by napthalene sublimation［J］. Journal of Applied Physiology，2013，29（6）：830~838.

［82］KANDJOV I M. Thermal stability of the human body under environmental air conditions［J］. Journal of Thermal Biology，1998，23（2）：117~121.

［83］SALLY S，JOHN K C，BEN R H，et al. Visual thermal landscaping（VTL）model：a qualitative thermal comfort approach based on the context to balance energy and comfort［J］. Energy Procedia，2019，158：3119~3124.

［84］余贞贞，符永正，陈敏. 基于自然通风建筑的热舒适模型研究［J］. 建筑科学，2017，33（10）：176~182.

［85］刘何清，王海桥，施式亮，等. 综采机组隔尘风帘的设计与应用效果研究［J］. 中国安全科学学报，2000（05）：21~25，82.

［86］王海桥，施式亮，刘荣华，等. 综采工作面司机处粉尘隔离技术的研究及实践［J］. 煤炭学报，2000（02）：176~180.

［87］温勇，姜立春. 基于 PMV 的矿井独头巷道通风效果分析［J］. 南方金属，2010（01）：17~20.

［88］Purkayastha S S，et al. Acclimatization at high altitude in gradual and acute induction［J］. Journal of Applied Physiology 79.2（1995）：487~492.

［89］Purkayastha S S，et al. Effects of mountaineering training at high altitude（4350m）on physical work performance of women［J］. Aviation，space，and environmental medicine 71.7（2000）：685~691.

［90］Miller，Brandon A，et al. Cerebral protection by hypoxic preconditioning in a murine model of focal ischemia-reperfusion［J］. Neuroreport 12.8（2001）：1663~1669.

［91］Robach，Paul，et al. Operation Everest Ⅲ：role of plasma volume expansion on VO(2)(max) during prolonged high-altitude exposure［J］. Journal of Applied Physiology 89.1（2000）：29~37.

［92］Roncin，Jean Philippe，Franck Schwartz，et al. EGb 761 in control of acute mountain sickness and vascular reactivity to cold exposure［J］. Aviation，space，and environmental medicine 67.5（1996）：445~452.

［93］ McElroy, Michele K, et al. Nocturnal O_2 enrichment of room air at high altitude increases day-time O_2 saturation without changing control of ventilation ［J］. High Altitude Medicine & Biology 1. 3（2000）: 197~206.

［94］ Gerard, Andre B, et al. Six percent oxygen enrichment of room air at simulated 5000m altitude improves neuropsychological function ［J］. High Altitude Medicine & Biology 1. 1（2000）: 51~61.

［95］ Koch, Robert, et al. Application of CPAP improves oxygenation during nor mobaric and hypo-baric hypoxia ［J］. Wiener Medizinische Wochenschrift（1946）158, 5~6（2008）: 156~159.

［96］ 刘志. 矿井通风系统可靠性影响因素分析 ［J］. 科技视界, 2012（21）: 244~245.

［97］ 王孝东. 高海拔金属矿山矿井通风系统研究 ［D］. 北京: 北京科技大学, 2015.

［98］ 张亚明, 何水清, 李国清, 等. 基于 Ventsim 的高原矿井通风系统优化 ［J］. 中国矿业, 2016, 25（07）: 82~86.

［99］ 钟华, 胡乃联, 李国清, 等. 基于 Fluent 的高海拔矿山掘进工作面增氧通风技术研究 ［J］. 安全与环境学报, 2017, 17（1）: 81~85.

［100］ MURGUE, DANIEL, BACHE A. "CENTRIFUGAL VENTILATORS FOR MINES." In Mi-nutes of the Proceedings of the Institution of Civil Engineers, Thomas Telford-ICE Virtual Li-brary, 1881, 66: 266~277.

［101］ Trotter R S. Contribution to the hygienics of coal-mining, with special reference to mine venti-lation and to the health of the miners as regards the diseases and accidents pertaining to their occupation and mode of life ［D］. University of Aberdeen, 1903.

［102］ Ueng Y T H. Analysis of mine ventilation networks using nonlinear programming techniques ［J］. Geotechnical & Geological Engineering, 1984, 2（3）: 245~252.

［103］ 崔岗, 陈开岩. 矿井通风系统安全可靠性综合评价方法探讨 ［J］. 煤炭科学技术, 1999（12）: 40~43.

［104］ 史秀志, 周健. 用 Fisher 判别法评价矿井通风系统安全可靠性 ［J］. 采矿与安全工程学报, 2010, 27（04）: 562~567.

［105］ 王洪德, 刘贞堂. 矿井通风网络可靠性的定量分析与评价 ［J］. 中国矿业大学学报, 2007（03）: 371~375.

［106］ 王克, 李贤功. 基于可拓和组合赋权的矿井通风系统优化评价 ［J］. 数学的实践与认识, 2017, 47（11）: 150~156.

［107］ 杨华运, 徐辉, 李少辉, 等. 基于优化 AHP 的矿井通风系统改造方案优选 ［J］. 矿业安全与环保, 2009, 36（05）: 37~39, 42.

［108］ 马中飞, 闫正波, 姚帅. 基于安全价值工程的煤矿通风系统方案优选 ［J］. 煤矿安全, 2010, 41（08）: 41~44.

［109］ 李亚俊, 刘伟强, 李印洪. 基于突变理论的某矿井通风系统优化方案选择 ［J］. 采矿技术, 2016, 16（02）: 30~31, 72.

［110］ Atkinson. Principle of mine ventilation ［M］. ［S. l.: s. n.］, 1852.

［111］ Cullis W C, Scarborough E M. The influence of temperature in the frog: (1) On the circulation, and (2) On the circulatory effects of adrenaline and of sodium nitrite. [J]. J physion, 1932, 75 (1): 33~43.

[112] Nakayana S, Uchino K, Inoue M. Analysis of ventilation air flow at heading face by computational fluid dynamics [J]. Shigen-To-Sozai, 1995, 111 (4): 225~230.

[113] Lowndes, I S, Tuck M A. Review of mine ventilation system optimization [J]. Transactions of the Institution of Mining and Metallurgy Section A-Mining Industry, 105 (1996): A114.

[114] Lowndes I S, Yang Z Y. The application of GA optimisation methods to the design of practical ventilation systems for multi-level metal mine operations [J]. Mining Technology, 2004, 113 (1): 43~58.

[115] Lowndes, Ian S, Fogarty T, et al. The application of genetic algorithms to optimise the performance of a mine ventilation network: the influence of coding method and population size [J]. Soft Computing, 9. 7 (2005): 493~506.

[116] Bartsch, Erik, Mark Laine, et al. The application and implementation of optimized mine ventilation on demand (OMVOD) at the Xstrata Nickel Rim South Mine, Sudbury, Ontario [C]// S Hardcastle & DL McKinnon, Proceedings of the 13th US Mine Ventilation Symposium, MIRARCO, Sudbury. 2010.

[117] Kruglov Y V, Levin L Y, Zaitsev A V. Calculation method for the unsteady air supply in mine ventilation networks [J]. Journal of Mining Science, 2011, 47 (5): 651~659.

[118] El-Nagdy K A. Stability of multiple fans in mine ventilation networks [J]. International Journal of Mining Science and Technology 23. 4 (2013): 569~571.

[119] Kurnia, Jundika C, Agus P Sasmito, et al. Simulation of a novel intermittent ventilation system for underground mines [J]. Tunnelling and Underground Space Technology 42 (2014): 206~215.

[120] Nyaaba W, Frimpong S, El-Nagdy K A. Optimisation of mine ventilation networks using the Lagrangian algorithm for equality constraints [J]. International Journal of Mining, Reclamation and Environment, 2015, 29 (3): 201~212.

[121] 黄元平, 李湖生. 矿井通风网络优化调节问题的非线性规划解法 [J]. 煤炭学报, 1995 (01): 14~20.

[122] 王海宁, 彭斌, 彭家兰, 等. 基于三维仿真的矿井通风系统及其优化研究 [J]. 中国安全科学学报, 2013, 23 (09): 123~128.

[123] 赵波, 杨胜强, 杜振宇, 等. 基于均衡通风原理的矿井通风系统优化 [J]. 煤炭科学技术, 2012, 40 (10): 61~64.

[124] 刘杰, 杨鹏, 谢贤平, 等. 基于 Visual Studio 的矿井通风井巷网络断面优化研究 [J]. 安全与环境学报, 2012, 12 (06): 208~212.

[125] 高玮. 蚁群算法在矿井通风系统优化设计中的应用 [J]. 矿业研究与开发, 2004 (06): 91~94.

[126] 吴富刚, 宫锐, 石长岩. 可控循环通风技术在红透山矿井中的应用 [J]. 有色金属 (矿山部分), 2011 (03): 51~53.